U0178490

RPA INTELLIGENT ROBOT
IMPLEMENTATION METHODS AND SOLUTIONS

RPA智能机器人

实施方法和行业解决方案

朱龙春 刘会福 柴亚团 万正勇◎著

图书在版编目（CIP）数据

RPA 智能机器人：实施方法和行业解决方案 / 朱龙春等著 . —北京：机械工业出版社，2020.6（2021.6 重印）

ISBN 978-7-111-65907-5

I. R… II. 朱… III. 智能机器人 – 研究 IV. TP424.6

中国版本图书馆 CIP 数据核字（2020）第 107197 号

RPA 智能机器人：实施方法和行业解决方案

出版发行：机械工业出版社（北京市西城区百万庄大街 22 号 邮政编码：100037）
责任编辑：董惠芝
责任校对：李秋荣
印　　刷：北京文昌阁彩色印刷有限责任公司
版　　次：2021 年 6 月第 1 版第 3 次印刷
开　　本：147mm×210mm 1/32
印　　张：7.5
书　　号：ISBN 978-7-111-65907-5
定　　价：79.00 元

客服电话：（010）88361066 88379833 68326294　　投稿热线：（010）88379604
华章网站：www.hzbook.com　　读者信箱：hzit@hzbook.com

作者简介

朱龙春　Oracle/SAP ERP 领域耕耘多年的技术专家，中大图灵科技发展有限公司的创始人 & CEO，中大 RPA 智能机器人架构师，曾是甲骨文公司首席架构师。“全国高校人工智能与大数据创新联盟专家委员会”专家委员。曾出版《 Oracle E-Business Suite：ERP DBA 实践指南》《 Oracle 编程艺术：深入理解数据库体系结构（第 3 版）》技术类图书，曾参与编写国家“十三五”管理学专业研究生用教材《管理学》。

刘会福　软通动力集团 CTO，在 IT 行业拥有 17 年的研发及管理经验，在云计算、大数据、物联网、人工智能、信息安全及行业应用领域有较深的研究，对企业数字化转型有丰富的理论及实践经验。在公司任职期间，所创建的专业服务自动化系统（iPSA）对公司业务的快速发展和企业的不断壮大具有一定的支撑作用。曾创办数字营销技术服务公司，服务于大型汽车和医药企业。长江商学院创创社区“图灵计划”首期班学员。

柴亚团　容智信息CEO、资深战略咨询专家。曾服务多家世界500强企业，具有10多年企业流程再造和战略咨询实战经验。曾主导多家上市公司的流程再造项目，精通财税流程再造和财务数字化转型。曾设计多家世界500强企业的财税数字化转型方案并主导项目实施。

万正勇　现就职于招商局金融科技有限公司，负责管理公司人工智能和大数据相关领域研发工作。曾任中国国际金融股份有限公司副总裁，担任海外研发中心负责人，负责海外交易系统的研发工作。曾是甲骨文公司首席方案专家，负责数据库和中间件的推广和开发者社区运营。

序言

科技一直是推动社会、经济发展的核心动力。当前，云大物智移、区块链等新一代数字技术的广泛应用，正在加速企业和公共事业的数字化转型，引领全球步入全新的数字经济时代。作为中国数字技术服务的领军企业，软通动力集团始终致力于推动新技术的创新应用和实践。软通动力集团率先将流程自动化机器人（RPA）技术应用于企业运营效率提升方面。为了探索 RPA 应用的最佳实践，软通动力集团率先尝试从试点到规模化应用 RPA 技术，收到了显著效果。软通基于在 RPA 实践应用中取得的经验，推出了赋能行业、赋能客户的“数字员工”解决方案，帮助企业快速实现“最后一公里”的降本增效，为企业健康发展做出更多贡献。软通“数字员工”将 7×24 小时高质量，低成本地为客户服务，并且持续改进，体现 RPA“极致服务”的理念。

最后，软通动力集团希望将自己的实践经验分享给业内的朋友，推动新技术的应用发展，加速企业数字化转型升级。

刘天文

软通动力信息技术（集团）有限公司

集团董事长兼首席执行官

2020 年 5 月

前言

为什么要写这本书

在过去的十几年里，我一直专注于研究和普及 Oracle 数据库、Oracle ERP 和 SAP ERP 技术架构方面的知识，并先后出版《Oracle E-Business Suite：ERP DBA 实践指南》《Oracle 编程艺术：深入理解数据库体系结构（第 3 版）》，且参与编撰了高等院校研究生教材《管理学》。在十几年的 Oracle 和 SAP ERP 项目实施过程中，我经常被一些简单但又需反复操作的业务场景所困扰。虽然这些业务使用传统的技术手段能够解决，但从实现成本、实施过程、安全性、易用性等维度衡量，性价比都不是最好的。

2019 年年初，我尝试使用 RPA 智能机器人，发现困扰十几年的问题竟然可以简单快速地得到解决，于是开始关注和学习 RPA 智能机器人。随着对 RPA 智能机器人理论的不断学习及项目实践，我逐渐领悟到，RPA 智能机器人是很多企业数字化转型的很好切入点。RPA 智能机器人与核心 ERP 业务流程紧密结合，可在技术上满足更多客户的业务需求。

促使我写本书的一个最大动因是亲人的变故，我因此更敬畏生命、感恩生活，并暗暗决定要把自己以往的专业积淀和行业洞察写下来。这本书是我对 RPA 智能机器人领域的学习和实践成果分享，希望能藉此为社会、行业、企业做一点力所能及的贡献。

本书旨在让更多企业、爱好 RPA 智能机器人技术的人群缩短学习周期，减少摸索成本；在包括 ERP 在内的相关场景的沃土上，让 RPA 生根发芽、开花结果、持续成长，为业内和社会的美好发展增添生命力。

目标读者

- 负责企业数字化转型的高管
- 负责 RPA 实施的业务和技术人员
- RPA 产品厂商售前和实施人员
- ERP 领域业务和技术顾问
- 希望了解 RPA 智能机器人的群体
- 企业数字化转型方案咨询公司
- 开设相关课程的普通高校和高等职业学校

本书特色

本书完全从实践中来，又兼具理论高度。读者不仅可以直接将书中实例应用到符合企业实际的业务之中，而且可以了解 RPA 实施方法论。

如何阅读本书

本书从逻辑角度看主要分为三大部分。

第一部分为基础篇，简单介绍 RPA 智能机器人产生的背景、发展历程以及主流 RPA 工具的架构原理，使读者了解基础背景知识。

第二部分为方法论篇，着重介绍企业或组织内部如何有规划地开展 RPA 智能机器人场景的识别，并进一步介绍 PoC 的几种方式，如何建立专门的企业内部 CoE 组织来统筹管理与协调 RPA 实施的各项资源，以及 RPA 开发和最终落地实施的通用管理理论。

第三部分为实例篇，通过介绍不同行业、领域的典型案例，以及针对 SAP 业务的案例，让读者了解如何结合实际业务更快地落地 RPA 智能机器人。

需要特别提出的是，第三部分完全以实战案例讲解 RPA 真实应用，相较于前两部分更为独立。经验丰富的用户以及能够理解 RPA 相关基础知识和使用技巧的用户，可以直接阅读这部分内容。若是初学者，建议从第 1 章的基础理论知识开始学习。

支持和反馈

由于作者水平有限，编写时间仓促，书中难免会出现错误或不准确的地方，恳请读者批评指正。如果你有更多宝贵意见，欢迎发送邮件至 frank.zhu@ferrym.com，期待得到大家真挚的反馈。

鸣谢

首先要感谢我的家人给予我写作的动力以及默默的支持。

感谢国际挚友 Tomo 和 Kathy 夫妇，花费巨额邮资从美国邮寄来英文版的 RPA 图书。

感谢刘志勇、窦力杰、徐鹏程、程溯、李梅、张志富、谢英亮、王志永、王钦芬、赵燕龙、闫蕴清、李丹阳、刘铁坤、刘璟、范艳华、郑罂、代伟、韩锋、董宇、徐万新等在本书编写过程中所给予的帮助和支持。

感谢 RPA 中国郭政刚老师，RPA 之家陈德炼老师和刘慧明老师，安永（中国）咨询公司安武老师，埃森哲咨询公司李晓璐老师，Automation Anywhere RPA 公司王小光老师，Oracle ERP 顾问喻继鹏老师，SAP ERP 顾问 Vivian 老师，大数据专家王可老师，贺超老师，王建涛老师，高广京老师，以及名单之外的更多朋友，感谢你们在 RPA 领域长期的支持和贡献。

感谢机械工业出版社华章公司编辑杨福川、张锡鹏、董惠芝，在这一年时间中支持我们写作。你们的鼓励和帮助，引导我们顺利完成全部书稿。

谨以此书献给我最亲爱的家人以及众多热爱 RPA 和 ERP 技术的朋友们！

朱龙春

2020 年 4 月

目录

1

第1章 CHAPTER

全面认识RPA智能机器人

随着信息技术的不断发展，企业正经历着从信息化到数字化的转变。在信息化阶段，企业经历了从门户和办公自动化到集成一体化的ERP（Enterprise Resource Planning，企业资源计划），再到移动互联网技术应用的过程。随着云计算、大数据、物联网、5G、人工智能、区块链和云ERP等新兴技术的迅速发展，技术应用逐渐成熟，业务场景不断丰富，更加快速地推动了企业的数字化转型。而如何实现数字化转型，也成为越来越多传统企业面临的痛点。突破这层阻碍，实现真正的业务数据化、数据业务化，企业才能破茧而出，才能在新经济浪潮中不断前行。

企业生态系统复杂，要进行数字化转型，需要解决很多历史遗留问题，比如各种老旧的信息化系统、IT 人员技能落后等，这些人为因素、环境因素、流程因素等都在阻碍企业快速进行数字化转型。这些问题可以总结为一个名词，即“遗留系统冰山”。如何击碎冰山，轻装前行，这是很多企业高层领导正在思考的问题，也是很多技术人员面临的技术障碍。本书汇集作者对 RPA（Robotic Process Automation，机器人流程自动化）的研究和实践成果，整理分享了 RPA 的实施方法和行业解决方案，希望能给予企业高层和技术人员一些启发，助力企业数字化转型。

1.1 RPA 智能机器人产生的背景

现代社会生活中，自动化技术和产品在我们的日常生活中已经非常普遍，比如电视等智能家电、自动驾驶汽车和无人机，以及使用 OCR（Optical Character Recognition，光学字符识别）技术验证发票真伪等。

20 世纪 40 年代的福特汽车公司作为自动化领域的先行者和成功代表，很早就开始在其机械化生产线上使用自动化技术，如发动机气缸的自动传送和加工。

后来，随着计算机的出现，人们通过软件实现了以前需要在纸上完成的工作。在计算机领域，自动化和软件开发在实际生活中经常融合使用。例如，在 ERP 中有一款将人和人以及人和计算机系统联系在一起的工作流软件工具——BPM（Business Process Management，业务流程管理），它在实际业务中应用很广泛。如果 BPM 工作流的某些环节不需要人工干预而是通过编程完成，那么它就可以被称为自动化。例如，在财务系统上处理发票，每处理一笔都需要人工登录到库存管理系统并检查货物交付与否的记录。这是一项很烦琐的工作，如果公司或组织规模庞大，就需要更多的人在计算机上重复执行该项工作。直到有一天，应用软件开发人员 Frank 说，他可以编写一个程序，直接从库存管理系统中获取数据，并自动进行比对完成发票的处理工作，同时该程序还可以自动检查应收账款。

上面说到的开发库存管理系统被称为“软件开发”，而对某一个步骤进行编程，使其不再需要人工干预，则被称为“自动化”。自动化在很多类型的工作中都体现出巨大的价值。

1.1.1 适合自动化的工作类型

1. 重复性工作

对于常规的低技能重复性工作，例如行政工作、复制粘贴类工作、人工数据录入等，其特点是不需要人为判断，但可能引入人为错误，如果错误率高则会影响公司业务。机器人则可以帮助提高日常工作的准确率和速度。相较于人工操作，自动化具有 7×24 小时工作、近乎 100% 准确率等诸多优点。

2. 合规性工作

支持企业核心业务的管理型工作，该类工作的特点是风险高但通常只需一般的技能，例如合规、监管文档。自动化可以帮助减轻工作人员在文档类操作和法规遵从方面的负担，不仅可以大幅提升工作效率，而且可以和人工相互配合，进一步降低可能存在的风险。

3. 支持性工作

有些支持性工作会帮助维持部门平稳运行，但通常不接触企业的核心产品，例如费用跟踪与审批等。自动化方式可以利用应用处理各个流程，从而帮助部门减少工作量。较人工方式而言，自动化方式成本大幅降低，且可以提供一种更为顺畅的工作体验。

4. 咨询性工作

对于咨询类的工作，自动化可以代替专家的常规工作部分，通过跟踪重要细节并捕捉重要的数据，使专家的工作效率更高。

5. 流程性工作

对于多个部门参与的流程性工作，例如保险理赔、审批贷款等，自动化可以从头到尾提高客户体验。自动化能够将涉及的各个业务集成到一个客户觉得简单的定制流程中。

简单来说，自动化是一种技术，它能自动处理计算机中的业务应用，甚至可以在几乎不需要人帮助的情况下完成工作。

1.1.2 RPA 的价值

以软件为主导的 RPA 是自动化的一个子集。RPA 可以模仿人类在计算机上的行为，代替人类完成传统的重复性工作。这种以软件为主导的 RPA，可以给企业带来很高的价值。

1. 降低人力成本

通过引入 RPA 可以实现人工任务的自动化操作，不再需要大量人力，仅需保留少数业务管理人员与运营维护人员。

2. 提高生产效率

RPA 可以实现 7×24 不间断工作，且执行效率高。经过测算，RPA 的工作效率大约是人工的 3 倍。

3. 准确性高

基于明确的规则操作，无差别化，尽可能消除人为因素产生的错误。相比于人类的手动工作，机器的准确性自是不言而喻。

4. 流程可控

RPA 操作的每个步骤可被监控和记录，在保存审计记录的同时有助于企业的流程改善，并且可做到合规、可查。

5. 周期短、见效快

相较于通过接口整合系统的方式，RPA 可在较短的时间内快速搭建流程、快速投产、提升短期收益。

很多传统企业存在大量竖井式的应用系统，在单一系统中完成某种单一业务，导致业务也封闭在系统之内，造成企业存在所谓的“数据孤岛”问题。当然，企业可通过系统融合、中台策略、OpenAPI等手段打破系统边界，实现统一融合。不过这样的代价很高，而且很多独立系统也有存在的必要。在这种情况下，系统间的信息交互往往需要人工完成。于是，这些现象经常可见，大量人工花费在点击鼠标、在不同应用软件之间切换、获取数据、复制粘贴、重新录入数据等工作上，这些工作都是重复的、令人厌烦的且附加值非常低，用户希望在与客户交互上花更多的时间，而不是用在单调乏味的任务执行上。

1.2 RPA的定义

RPA是将可定义、重复性高、有规则的软件操作实现自动化的软件工具，用于完成用户的重复性工作。RPA通过模仿重复单调且低价值的事务，可以提高操作灵活性，并能快速创造价值。

目前，业界对RPA（“RPA智能机器人”是更通俗的名字，本书统称为“RPA智能机器人”）有很多不同的定义，并且定义的范围和描述各有侧重，以下是比较权威的几种RPA定义。

1. Gartner的定义

RPA是一种数字化赋能技术，主要利用用户界面（UI）和表面级特征组合来创建自动处理常规性、可预测的数据转录工作的脚本。RPA工具可将应用软件连接起来，消除输入错误，加快流程并降低成本。

2. 德勤的定义

RPA 是一款能够将手工工作自动化的机器人软件。机器人代替人工在用户界面完成高重复、标准化、规则明确、大批量的日常事务操作。其与一般软件或程序的区别在于：普通程序被动地由业务人员操作，机器人则代替人工主动操作其他软件。

3. 麦肯锡的定义

RPA 是一种软件自动化工具，它能自动执行常规任务，如对现存用户界面进行数据提取与清理。机器人有一个与人类相同的用户 ID，能执行基于规则的任务，如访问电子邮件和系统、执行计算、创建文档和报告以及检查文件。

4. 埃森哲的定义

埃森哲一直致力于 RPA 机器人流程自动化技术的研究。RPA 机器人改变了我们提供业务流程和信息技术服务的方式，提高了效率、质量和用户体验等，员工也得以专注于具有更高价值的分析、决策和创新的工作。通过有效整合各项技术，埃森哲能够帮助企业变革整体流程，创造新的商业机遇，并且快速实现大规模的客户交付业务。

5. IBM 的定义

在企业以实现人工智能转型为目标的同时，企业内部单一、重复且烦琐的事务性工作却又在禁锢着员工的发展。RPA 将员工从这些工作中解放出来，优化企业整体的基础作业流程，降低成本、提高效率、降低错误率，使企业迈向数字化阶段。

6. 安永的定义

RPA 是一项允许公司员工通过配置计算机软件或机器人抓取，解析现有应用程序来处理事务、操纵数据、触发响应并与其他数字系统通信的技术应用。企业正在不断寻求可以实现自动化的流程，可实现 RPA 的基本流程应具备 3 个关键特征：操作一致，重复执行相同的步骤；模板化驱动，数据以重复的方式输入特定字段中；基于标准规则操作，允许决策动态大幅改变。

7. 毕马威的定义

RPA 可以定义为 AI、机器学习等认知技术在业务自动化中的灵活使用，可以是针对重复性工作的自动化和高度智能处理的自动化。RPA 是数字化的支持性工具，可以代替在此之前认为只有人类才能完成的工作，或者在高强度的工作中作为人工的补充，是企业组织中出现的新劳动力。

8. 阿里云的定义

阿里云 RPA 是一款新型工作流程自动化办公机器人软件，通过模拟人工操作实现自动处理流程。它可以将办公人员从每日的重复工作中解放出来，提高生产效率。具体而言，阿里云 RPA 是基于智能机器人和人工智能的新型办公业务流程自动化产品。

综合上述权威机构对 RPA 的描述或定义，可以总结出 RPA 的核心：利用自动化和计算机智能化技术来代替重复性、规则性、无须人工决策的业务流程操作。

从技术角度来说，目前业内对 RPA 认可的定义为：“RPA 自动化流程机器人是基于计算机编程以及规则的软件，通过执行重复的、基于规则的任务来实现人工操作自动化的一种技术，是一种数字化劳动力。”

其实在 RPA 出现前，企业内部就一直存在自动化的需求。很多软件都带有脚本功能，比如最常见的 Excel 中的 VBA 宏，就是为了帮助企业实现某个单一场景的自动化而设计的。但这种方式存在一定的侵入性、技术门槛高、使用成本高、不灵活等问题，已经无法满足数字化转型企业的要求。

RPA 可理解为一种低代码量的编程技术，也是一个软件开发工具包。它大大降低了企业流程自动化的成本，使企业原来只能通过编写程序或者脚本实现的自动化流程，能通过机器人自主学习以及图形化拖拽的方式实现。通过流程梳理，找到适合自动化的环节，辅以机器人自主学习实现自动化。在整个过程中，RPA 不挑场景、没有侵入性、不用接口、不用捞数据，因此企业的使用成本更低。特别是近些年来，随着人力成本的上升，对工作流程自动化的需求越发强烈，RPA 的价值更加突显。

从技术定位来看，RPA 不是一种信息化系统，而是一种基础能力，可以理解为连接器、黏合剂。RPA 可以帮助企业打通不同的独立系统，赋予企业各个业务部门更好地使用信息化系统的能力。它是企业数字化转型的助推器。

1.3 RPA 的发展历程

一些领域的特定业务场景中虽然用到了类似的技术，但当时并没有统一称其为 RPA，造成业内对 RPA 的发展历程的认知并不统一。目前，业界多以美国知名第三方独立机构 EVERST GROUP 于 2017 年 4 月份发布的“*Robotic Process Automation* (*RPA*) *Evolution | Market Insights™*”报告为标准进行解读和分析，这份报告把 RPA 的发展历程分为以下 4 个阶段。

1. 辅助性 RPA（Assisted RPA）

在 RPA 1.0 阶段，RPA 主要部署在个人电脑上，进而起到提高工作效率的作用。该阶段已具备目前主流机器人流程自动化的功能，但很多业务场景难以实现端到端的自动化，无法实现大规模的应用部署。

2. 非辅助性 RPA（Unassisted RPA）

在 RPA 2.0 阶段，RPA 主要部署在 VMS 虚拟机上，用于实现端到端的业务自动化，能够进行自动化流程设计，还可以集中管理和治理 RPA 机器人，但仍然需要人工协同工作。

3. 自主性 RPA（Automation RPA）

在 RPA 3.0 阶段，RPA 实现了端到端的自动化，已经可以当作虚拟劳动力实现多种功能，并能实现规模化部署，且可以部署到云平台，同时能以 SaaS（Software as a Services，软件即服务）模式进行运营，但无法处理非结构化数据。

4. 智能化 RPA（Cognitive RPA）

智能化 RPA 是 RPA 未来主要的发展方向，RPA 将结合人工智能技术，例如机器学习、自然语言产生、自然语言处理等，实现对非结构化数据的处理以及对智能化报表的分析等。

截至目前，国内外绝大部分主流 RPA 产品还处在非辅助性 RPA 和自主性 RPA 这两个阶段之间，哪怕是发展相当成熟的一些行业巨头也仅处于智能化 RPA 阶段的起点。

1.4　主流 RPA 平台的技术架构和原理

纵观国内外的 RPA 产品，一般都是采用传统的 C/S 软件系统架构，通过服务端实现对每台机器人的流程维护、自动升级、任务实施调度、任务实施监控、任务实时发布等管理工作。

主流的 RPA 平台一般由记录仪（Recorder 录屏）、开发工具、机器人运行组件、插件 / 扩展组件和控制中心等几部分组成。

1. 记录仪

记录仪（就是常说的“录屏”）是开发人员在开发套件中对 RPA 机器人进行配置的一部分。它就像 Excel 中的宏（Macro）功能，可以记录用户界面（UI）中的每一次鼠标动作和键盘输入，并且可以重放这些记录，反复执行相同的步骤，这个组件使快速自动化成为可能。

2. 开发工具

开发工具主要用于创建智能机器人的配置或设计机器人。通过开发工具，开发者可以编写机器人执行的一系列指令和决策逻辑。一些开发平台还提供流程图设计功能，使得流程管理变得相对容易。所以，RPA 和 BPM 的结合如鱼得水，使得很多传统的比较复杂的步骤变得相对简单。

3. 机器人运行组件

当开发工作完成后，用户可使用机器人运行组件来运行智能机器人，也可以查阅运行结果。

4. 插件 / 扩展组件

为了让配置智能机器人变得更简单，国内外大多数平台提供各类插件和扩展来降低开发智能机器人的难度，例如，针对 SAP ERP、Oracle ERP、Sun Java 的插件等。

5. 控制中心

控制中心的作用是对整套组件进行管理，同时监管和控制机器人的操作过程，例如，可以启动、停止机器人等将机器人重新部署到不同的任务中，并对产品的许可证进行管理等。

1.5　RPA 的优势

RPA 的基本功能是代替人工的重复劳动，可以减少人为造成的错误等，RPA 的优势主要总结为如下几点。

1. 提高速度

机器人的执行速度非常快，提高速度可以带来更短的响应时间并提高执行的任务量。

2. 降低成本

日常工作中，全职员工一般每天的工作时间为 8 小时，而机器人可以在不休息的情况下全天工作，而且代替重复性工作意味着生产效率提高，操作成本大大降低，同时多任务处理可进一步降低成本。

3. 敏捷性高

增减机器人资源需要管理业务流程的数量，这时只需操作鼠标即可完成。部署更多的机器人来完成相同的任务非常轻松，重新部署资源不需要进行任何的重编码或再协调。

4. 简单

RPA 不需要业务人员预先学习编程知识。大多数平台以流程图的形式提供设计步骤，使业务流程易于自动化，IT 人员可以相对自由地执行更高价值的工作。

5. 节省时间

虚拟劳动力不仅能在更短的时间内精确完成大量的工作，而且能以另一种方式节省时间。如果有任何变化，比如说技术升级，虚拟劳动力将更容易快速适应变化，这可以通过在编程中修改或引入新流程来实现。对于人类来说，学习和接受新事物的训练是很困难的，因为要打破执行重复性任务的旧习惯。

6. 非侵入性

我们知道，RPA 像用户一样在用户界面上操作，这保证了可以在不改变现有计算机系统的情况下实现自动化，有助于降低传统 IT 部署的风险和复杂性。

7. 更好的管理

RPA 智能机器人允许通过一个集中的平台部署和管理所有的机器人，这也降低了管理的难度。

8. 更高的合规性

全面的审计跟踪是 RPA 智能机器人的一大亮点，RPA 不会在执行任务时偏离要采取的既定步骤集，因此会带来更高的合规性。

1.6　RPA 的适用条件

自动化涵盖的范围特别广，本书只聚焦在和 RPA 有关的领域。从计算机软件角度考虑，并不是所有的业务流程都适合用 RPA 来实现，那么哪些业务流程适合实现自动化呢？从国内外的相关资料看，RPA 适合于重复的、有规则的、稳定少变的流程。共通的业务场景如下。

1. 可重复

RPA 智能机器人适合的流程必须是高重复性的，因为在 RPA 中需要根据流程进行适配开发，有一定开发成本。如果流程只是一次性的或者使用频率极低，那么使用 RPA 就有点得不偿失。

2. 有规则

RPA 适合有章可循的流程。如果一个流程毫无规则且散乱，需要人为进行主观判断，那它本身是不适合用 RPA 实现自动化的。毕竟，机器做不到主观判断。虽然可借助图像识别、文本识别等 AI 技术进行一定的判断，但对于大多数场景，还是需要明确规则的。

3. 稳定

RPA 适合那些稳定的流程。因为 RPA 通常是仿效人工操作，需要通过界面交互完成。如果流程多变、界面多变、交互方式不固定，则 RPA 也需要相应地进行进程适配，这无疑会大大提高 RPA 的实施成本。

1.7 RPA 的适用行业

综合国内外对 RPA 行业的观点和资料，目前公认的适合 RPA 的行业如下。

业务流程外包（BPO）：RPA 智能机器人最早被用来解决业务流程外包中人力管理的重复劳动。业务流程外包是 RPA 产生的摇篮。

保险领域：保险领域的很多工作不仅复杂而且数量巨大，还需要大量的人力进行重复劳动，从管理策略到跨平台的填充和处理索赔，都是 RPA 可以茁壮成长的沃土。

金融领域：从处理日常的大量数据到执行复杂的工作流程，RPA 一直在帮助金融领域变得高效可靠。

公用事业领域：这类公司（如天然气、电力和水）经常处理大量的货币交易，可以利用 RPA 完成诸如抄表、比对和付款等任务。

医疗保健：数据输入、患者日程安排以及账单和索赔处理，都是 RPA 的重要应用领域。RPA 有助于优化患者预约，并自动给患者发送预约提醒，同时消除患者记录中的人为错误，这将使医务人员更加关注患者病情的同时改善患者体验。

制造业：很多 ERP 客户中有大量重复的业务流程，是 RPA 发挥作用的良好土壤。

1.8　全球主流 RPA 厂商和产品

目前，全球比较知名的 RPA 公司有几十家，虽然 RPA 产品的整体技术架构大同小异，但每家都有各自的特点。下面简单介绍 5 家比较成熟且有名气的 RPA 公司及其 RPA 产品。

1. UiPath RPA

目前，UiPath 是 RPA 领域市值最高的、总部位于美国纽约的一家公司，全球客户众多。公司宗旨是以开发者易使用为出发点规划和设计产品，所以其设计的 RPA 产品使用起来相对简单，用户界面比较友好，产品成熟稳定，安装和部署都相对简单。

2. Blue Prism RPA

Blue Prism 是一家英国上市公司，设计的 RPA 产品在全球的覆盖面比较广。其 RPA 产品服务于企业级用户，尤其是金融类的企业级用户，这在其控制台、设计器界面、设计思路和功能设计上都有体现。

3. Automation Anywhere RPA

Autumation Anywhere（简称 AA）公司注册地是美国，它的 RPA 产品与 Blue Prism 公司的 RPA 产品类似，目标客户也是企业级用户，产品的设计原则和产品界面都体现了这个特点。

4. UiBot RPA

UiBot RPA 是国内一家名叫“来也科技”的公司研制开发的一款 RPA 产品。其设计理念与 UiPath 有很多相似之处，目标客户主要针对大型企业用户。UiBot RPA 在功能主体上将产品设计为 3 个主要功能模块：“创造者”负责业务自动化流程的编辑和设计；“指挥官”作为控制中心，负责对多个机器人进行集中管控；“劳动者”负责运行自动化流程。

5. iS-RPA

iS-RPA 是总部位于上海的艺赛旗公司研制开发的一款 RPA 产品，其目标人群定位偏 IT 和运维人员。iS-RPA 在功能主体上分为 3 个主要模块，分别为设计器、控制平台和机器人。其中，在机器人类型方面，iS-RPA 又特别分为无人值守机器人和辅助型机器人两种。无人值守机器人允许用户使用 Windows Server 基于用户桌面以并行模式运行多个无须人工干预的自动化任务，每个机器人之间的运行互不干扰；辅助型机器人用来实现需要人工参与决策的人机结合自动化，如人工登录、人工输入验证码、人工处理弹窗信息等。

1.9 本章小结

本章主要从宏观和微观两方面介绍什么是 RPA、国内外对 RPA 的理解和认识、RPA 的技术特征、使用 RPA 的前提条件、

RPA 主要应用领域以及全球比较成熟的 5 家 RPA 公司的产品特点。

RPA 是一种技术、一套软件、一种工具、一种方法论，也是一种管理思想，又是可以应用到各行各业解放部分人类工作的、基于一定规则的数字化劳动力，更是未来工业革命的趋势。

第2章 CHAPTER 2

企业 RPA 业务场景的发现与规划

信息化到数字化的发展使得各行各业进步显著，但不同行业间的企业信息化、数字化发展水平存在较大差异。随着企业业务的不断变化和信息系统的不断发展，不同时期建设的系统纵横交错、参差不齐，使得系统间的业务集成和数据收集变得异常困难。业务处理往往需要投入大量的人力来完成数据的收集、录入、处理、分析和应用。这些枯燥的、附加值不高、具有一定规则并且大量重复的手工密集型工作，采用人工处理方式不仅处理效率低，而且质量难以保证，时常出现错误。

RPA 智能机器人，又被称为数字化劳动力（Digital Labor），是指通过对人类与计算机交互过程的模拟增强，实现工作流程的自动化处理。通过配置 RPA 软件工具或机器人，替代过去需要人工操作处理的业务场景，例如人机交互、数据操作通信以及任何需要大规模重复执行的工作，能够为企业节省大量的时间和人力成本。正如过去工业机器人通过提高生产效率和质量来优化制造业结构一样，RPA 智能机器人也在逐步改变我们对业务流程管理的认知，包括 IT 支持流程、业务工作流程、远程基础架构和后台的工作方式，并且显著提升了工作准确率，缩短了工作周期，大大提高了企业事务处理的工作效率。

但是，并不是所有的业务场景都适合使用 RPA 智能机器人，这就需要用一套科学的、合理的方法论进行甄别、分析和实施。本章主要讲述如何在企业中发现和规划 RPA 业务场景。

2.1 RPA 智能机器人应用背景

对于信息部门来说，RPA 程序开发量小、实施周期短、非侵入式的交互方式能够快速与企业现有的信息系统技术架构相适应。而且对于非信息部门的业务人员来说，RPA 智能机器人也非常易于学习和接受，能够快速实施和产生效益。同时，RPA 智能机器人不仅能模拟人类行为，还能与规则引擎、光学字符识别、语音识别、虚拟助手、高级分析、机器学习等人工智能技术相结合，应用于更为丰富和复杂的业务场景。

目前，RPA 智能机器人技术已经日渐成熟，并逐步应用到金融、保险、客服、财务、制造业及其他传统人力资源等行业。

RPA 智能机器人能够加快企业产品和服务的上市速度、降低成本并释放员工潜能，正在成为推动企业数字化转型的重要手段。

2.2 发现 RPA 业务场景

在发现、部署和应用 RPA 智能机器人时，首先判断 RPA 智能机器人的使用是否可以将员工从大量的重复机械式、低价值工作中解放出来，进而提高工作效率和提升质量。其次判断 RPA 智能机器人是否可以和 AI 结合，因为 RPA 智能机器人是 AI 落地实际场景的重要载体。AI 技术在感知层面已经具备大量的应用能力，可以重复模拟人类感知，并且随着数据的不断积累，正逐步推动认知层面的算法优化和计算能力提升，从而真正实现人类的看、听、说、动、想等能力。所以，RPA 和 AI 的结合会极大地推动企业数字化转型。

企业要部署和应用 RPA 智能机器人，一般遵循“5 项原则、6 个特征和 3 种策略”的指导思想。

2.2.1 5 项原则

1）要让企业相关的领导者、需求者、操作者充分认识和了解 RPA 的价值和潜力。

2）要对企业岗位和职责重新梳理，明确不同岗位的特点和相关任务的特性。

3）要对企业业务流程和服务流程重新梳理。

4）要对企业的内外系统应用架构、线上和线下连接、人机交付、内部系统和外部系统交互进行梳理。

5）要对企业岗位、流程、系统交互的指标进行量化，确定应用的重点方向和范围。

遵循这 5 项原则，对于发现 RPA 业务场景有非常重要的作用。

2.2.2 6 个特征

1）枯燥、重复、频繁、数量大、复杂性低。

2）手工密集型，容易出错。

3）规则相对确定，很少需要人工判断决策。

4）结构化数据的批量输入或跨多个系统传输大量数据。

5）企业后台办公支持，例如员工入职场景。

6）系统打通改造成本过于昂贵或者方案过于复杂，无法在短期内快速实现。

2.2.3 3 种策略

1）找到标杆场景快速落地，发挥标杆带动作用。

2）优先实现批量操作自动化。

3）RPA 实施效果需要量化。

2.3　如何识别适合 RPA 的业务流程

本节将介绍识别适合 RPA 应用（流程）的具体方法与步骤。工作实践表明，可以通过“三步法”判断一个业务场景是否适合 RPA 应用：**识别—评估—优先级选择。**

2.3.1　识别

识别是指弄清楚企业或者组织中哪些流程适合 RPA 技术实施，以便最大限度地发挥 RPA 的功能和价值。

识别过程遵循如下原则。

1）流程评估：根据流程实施方法论和模型，结合企业或组织自身的流程体系与流程特性，兼顾企业核心系统与实际业务需求间的差距与痛点，从流程端到端角度对业务流程和业务实操层面进行全面评估，避免仅凭直觉做出有偏见性的主观判断。

2）流程设计：对流程体系要有全局概念，从人与机器人合作的角度进行流程再优化，必要时需要对流程进行端到端的流程重新设计，重新构建最适用的全新流程，避免仅实现操作自动化。

3）流程收益：在关注 FTE 节省的同时，还应该考虑数据的准确性、一致性、业务处理准确率、合规性的改善等隐性收益，达到高效和合规等多赢的效果。

然后，在符合如下特点的业务流程中进行识别。

1）重复性与大批量：使用 RPA 智能机器人最大的好处之一是节省人力成本和时间，所以对于那些逻辑清晰的、有规律可遵循的、大批量的、重复作业的业务流程或整个业务流程中的一小段业务环节（动作），都可尝试用 RPA 机器人代替人工。

2）数据准确性要求高：在某些面向客户的流程中，人工失误往往会令客户产生糟糕的体验，并产生严重的监管问题。RPA 智能机器人可以避免人为错误，提高客户满意度。在企业内部的一些关键业务流程的发起阶段通常也会存在问题，如在合同的录入阶段出现人为错误，那么后续业务流程的初始输入数据就会有大量错误，这势必给后续的业务操作带来极大的工作负担，纠错的代价也会非常大。

3）人为错误累发性高：对于那些人工错误率高并且容易重复发生人工错误的流程，通过实施 RPA 智能机器人可以获得更好的数据准确性保障，同时有效降低管理成本。

4）速度与时效性：对于对速度以及时效性有高要求的流程都应该实施 RPA。RPA 智能机器人可以使流程按照预定义的 KPI（Key Performance Indicator，关键绩效指标）在规定的时间内完成，进而对整个业务价值链产生正向推动。

5）劳动力需求无规律：对于不同季节、周期或业务形态对劳动力的投入需求有波动，且劳动力需求无规律的流程，采用 RPA 智能机器人可满足企业对劳动力投入的按需调用。

6）业务发生时间无规律：数字化劳动力的一个显著优势是

可以 24 小时值守处理业务诉求，不管是节假日，还是白天、黑夜，都能及时响应，可以为内部业务处理与外部客户响应提供高可靠性与高及时性的资源保障。

7）通用代码或模块：从以最低投入得到最大效益维度考虑，有一些业务流程环节可以复用企业已完成搭建的通用代码库或者通用模块，这样可以助力企业内部 RPA 的快速部署、资源和知识的沉淀，为后续的 RPA 部署夯实基础。

8）影响成本和收入：企业或者组织的高阶流程通常被称为价值链流程或者价值创造流程。如在竞标 / 投标过程中，定价规则不明确会导致 QTC 流程（从报价到回款）中的报价处理速度降低，进而影响之后的销售、服务 / 产品的交付。这样的流程往往需要实施 RPA。

另外，我们可以参照图 2-1 的模型进行识别。

2.3.2　评估

识别后的流程，还需要经过**评估**环节，以便帮助 RPA 实施团队与业务部门了解实施后的效果。

经过分析和总结可知，业界比较常见的评估方法是：RPA 实施回报率与流程复杂度。

1. RPA 实施回报率

RPA 实施回报率的评估因素主要包括如下几点。

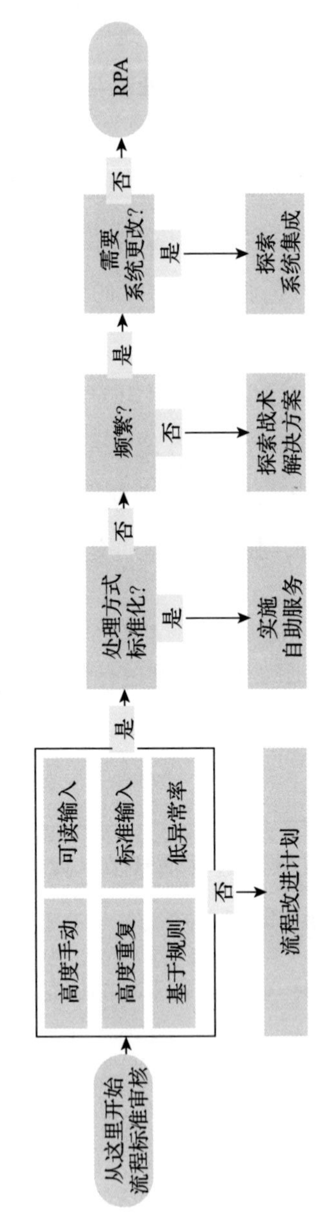

图 2-1 识别适合 RPA 的流程模型

资料来源：UiPath

1）成本节省：通过对有经验的一线员工访谈、项目概算与估算等方式，了解一个业务场景在 RPA 实施以后的成本节省数据，以便为后续的优先级确定提供参考和依据。

2）生产力提升：某一流程实施 RPA 后，是否会带来生产力的提升，有多大的提升，是否还有潜在的劳动力节省等，都是需要我们考虑的。

3）劳动力增加：RPA 的实施生产力的提升多大，为企业额外补充多少劳动力，也是需要考虑的。

4）灵活应对业务需求：应用 RPA 后，端到端流程或者流程节点的业务灵活度是否有提升；无论是响应外部客户需求还是内部业务诉求，能否有效提高响应的速度与时效性。

5）提高客户满意度：企业对客户的期望值管理是否因 RPA 的实施而得到改进，客户对产品与服务的满意度是否因 RPA 的实施而提升。

6）质量改进：RPA 不会有人类员工常见的“低级”手误，由此带来的数据质量提高是否改进了端到端流程的输出（产品或者服务）质量，改进的幅度是否显著。

7）合规：从数据的准确性及一致性角度评估 RPA 给企业或组织的合规工作带来的影响。

8）劳动力需求无规律：RPA 是否能解决劳动力的需求无规律问题，能否规避用工高峰、系统拥堵以及对普通员工非工作时间的依赖。

9）灵活性：伴随着 RPA 在企业内部的广泛部署与应用，以及 CoE 组织对 RPA 知识与概念的普及，作为核心业务环节的后台处理机器人与传统员工数字助理的前端机器人，是否可以帮助企业或者员工个体更灵活地处理各种业务工作。

2. 流程复杂度

流程复杂度评估因素包括如下几点。

1）跨系统操作的数量：实施目标流程涉及多少个页面、应用或者系统。数量的多寡可以比较直观地反映 RPA 流程的复杂度。

2）变化与分支：通过对业务进行实质分析，了解 RPA 流程有多少分支条件，不同的分支条件是否涉及不同的处理原则与逻辑，路径是否有所不同。

3）结构化输入：RPA 流程处理的输入数据是否是结构化数据，还是需要将非结构化数据转换成结构化数据才能进行后续的流程步骤；数据转化的时间、成本投入。

4）远程操作或虚拟桌面：流程过程中是否涉及远程桌面系统、虚拟桌面系统或者类似 Citrix 等特定应用程序。

2.3.3 优先级选择

基于上述识别原则和评估方法的输出，我们可以依据图 2-2 所示的原则进行优先级的确定，以便调配有限的开发与实施资源，实现最优级别的场景，使企业在 RPA 的实施过程中最快得到最大回报。

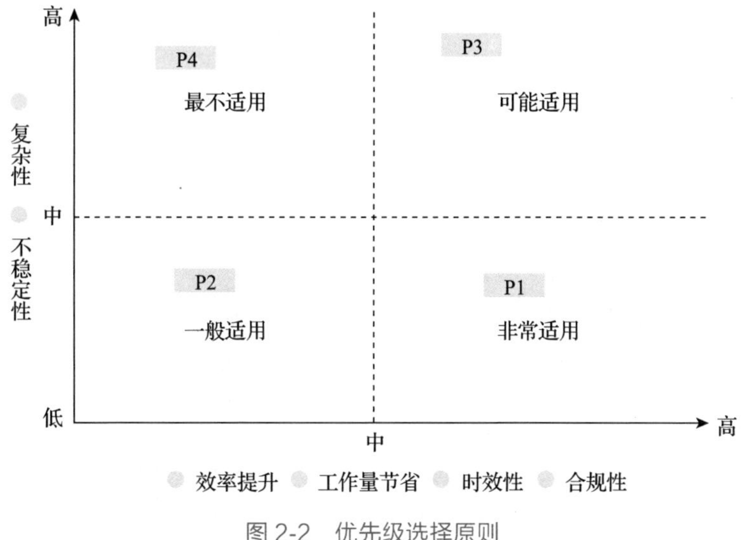

图 2-2 优先级选择原则

横轴上的效率提升、工作量节省、时效性和合规性表示回报率的四个维度；纵轴上的复杂性和不稳定性表示复杂度的两个维度。

1）复杂度低且回报率最高的环节，最适合优先开启 RPA 的部署。

2）复杂度高而回报率偏低的环节，可往后排期甚至直接忽略 RPA 实施的请求。

2.4 如何对识别出的 RPA 流程进行评价和分析

2.3 节对“**识别 – 评估 – 优先级选择**”方法论的介绍，只是让我们知道如何识别适合 RPA 的业务流程，但这还远远不够，还需要对识别出的 RPA 流程进一步评价和分析，使得业务场景匹配更加准确。

参考国内外 RPA 相关技术资料，业界一般采用图 2-3 所示的流程象限评估法，主要从投入产出比和流程复杂度两个维度进行评估。

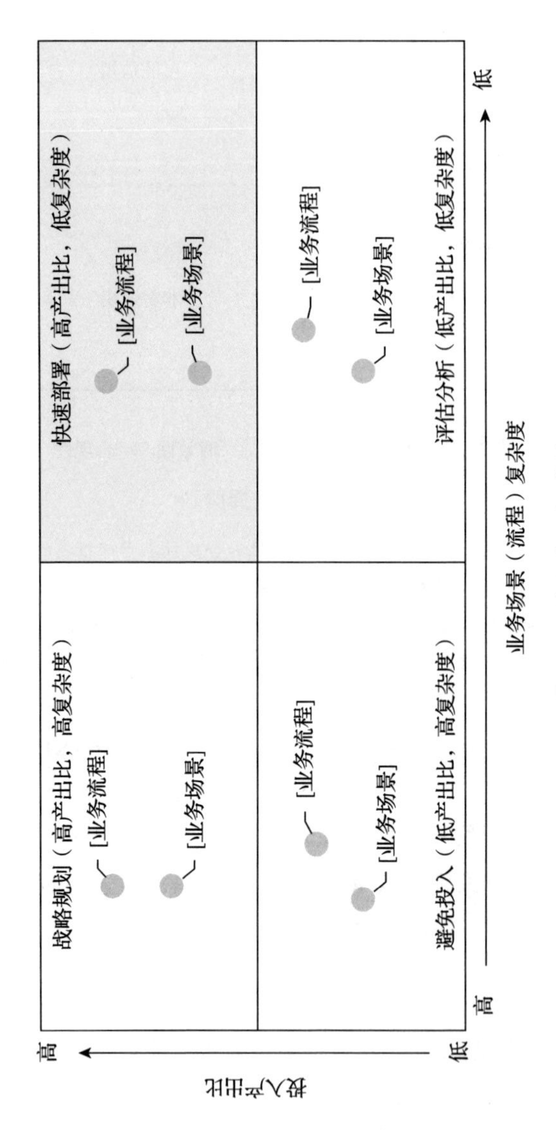
战略规划（高产出比，高复杂度）
[业务流程]
[业务场景]
快速部署（高产出比，低复杂度）
[业务流程]
[业务场景]
避免投入（低产出比，高复杂度）
[业务流程]
[业务场景]
评估分析（低产出比，低复杂度）
[业务流程]
[业务场景]
投入产出比
高
低
高
低
业务场景（流程）复杂度

图 2-3　流程象限评估法

2.4.1　投入产出分析

1）人力工时节省：RPA 的部署会极大提升工作效率，节省人力工时。但是需要评估该流程对应业务交易量或者处理数量是否足够大。相比于确定的成本，单位工时的节省结合交易处理数量，是否带来足够大的收益以弥补成本。

2）提升企业竞争力：RPA 的部署提高了工作效率，避免了人工错误，所带来的业务客户满意度提升是否会提升企业的品牌附加值与市场竞争力。

3）敏捷响应业务诉求：应用 RPA 后，是否可以更加快速地响应外部客户和内部客户的业务诉求，是否使得业务更加敏捷。

2.4.2　业务场景（流程）复杂度分析

不同的企业由于行业属性和组织结构的不同，复杂度分析的要素构成也会不同。下面提供一个较为通用的要素模型供大家参考。

1）屏幕截图数：该 RPA 端到端的流程中，屏幕截图数可以作为流程复杂度的量化指标。屏幕截图数越多，表示该流程越复杂。

2）逻辑场景数：RPA 部署过程中使用到 if…else 的场景数，可以用来估算该流程代表的业务逻辑数量。if…else 的场景数越多，表示该流程越复杂。

3）涉及系统数：在 RPA 部署过程中涉及的应用程序或者系统实体数，例如涉及的基于 Java 的系统、Mainframe App、SAP、

Web、.Net、MS Office 等。涉及的系统数越多，表示该流程编程越复杂。

4）结构化数据获取：需要 RPA 处理的数据是结构化数据，还是需要通过调用第三方应用将非结构化的数据转换成结构化数据后才能进行后续流程步骤，这往往代表着不同的流程复杂度。

2.4.3 结果分析

通过上述投入产出和业务场景（流程）复杂度分析，我们可以获得如下 4 个象限。

1. 高产出比、低复杂度

快速部署：对处于该象限的 RPA 流程，我们用极小的成本就可以获得高价值回报，可以极大地提升企业外部客户或者内部客户业务效率，帮助企业获得收益，提升竞争力，这类流程应该作为第一优先级快速配置资源，推进落地实施。

2. 高产出比、高复杂度

战略规划：对处于该象限的 RPA 流程，我们应该把它放在战略规划层面，在第一优先级的流程部署过程中同步着手投入长期资源，持续跟进，逐步获得高价值的回报。

3. 低产出比、高复杂度

避免投入：对处于该象限的 RPA 流程，应该避免投入。

4. 低产出比、低复杂度

评估分析：对处于该象限的 RPA 流程，需要详细讨论分析，可以在资源充足的情况下酌情筛选部分流程部署 RPA。

2.5 PoC 简介

2.5.1 PoC 介绍

PoC（Proof of Concept，概念验证）是企业部署 RPA 的必经环节。PoC 可验证 RPA 在业务场景的可行性，使客户在短时间内对 RPA 智能机器人有一个直观的认识。PoC 是正式开发机器人周期、风险控制等方面的重要参考依据。

PoC 通常发生在还没部署 RPA 的企业或者企业认为比较重要的业务领域。随着人工智能的快速发展，AI 成为 RPA 的翅膀，RPA 成为 AI 落地的有力抓手。PoC 作为一种前期验证手段会出现得更加频繁，更多出现在企业内部数字化、智能化管理的改革过程中。企业根据自身的业务需求或未来的发展布局来部署 RPA，期望可以大量减少人工耗时，提高工作效率，把更多的时间留给精细化管理和创新，进而实现降本增效。PoC 是一个非常好的验证方案。

2.5.2 PoC 的形式

第一种情况，客户已经认定某种 RPA 产品或某几种 RPA 产品，会直接选择该款产品进行 PoC 测试。或者客户没有圈定 RPA

产品范围，需要通过 PoC 测试比对 RPA 产品，进而选出更为优秀的一款产品。这种情况的 PoC 比较好处理，客户自己能够根据 RPA 实施方的要求整理出业务需求，甚至有的客户能给出好的开发建议。

第二种情况，客户不知道怎样去做相关的需求整理，所以就要求 RPA 实施方深入企业进行详细的调研。如果没有入场调研的条件，可以让客户把业务流程重现一遍，并视频录下来配上语音，通过网络在线会议进行讲解。通过观察了解客户的系统环境初步确定 PoC 的制作方案，然后召集客户方相关人员制作需求文档和业务流程说明书。

2.5.3　评估 RPA 应用可行性

业务流程梳理完毕，接下来就需要去评估 RPA 应用是否可行，具体需要对企业内部信息安全、网络环境、系统局限、流程特殊规则等因素进行咨询和调研，还要考虑公司内部系统与 RPA 工具是否兼容等，在这些前提下考虑最优的解决方案。不过，以下几种情况是不可行的。

1）无法覆盖所有异常情况。

2）正常逻辑下无法进行灵活导向。

3）不同时间段的业务处理相互干扰，无法进行精准判断。

4）部分时间段、流程环节需要人工参与决策。

5）RPA 智能机器人依赖的关联系统还没有稳定下来，频繁发生变动。

2.5.4　PoC 过程示例

某公司有意愿落地实施 RPA 智能机器人，希望我们提供实施服务。经过 RPA 应用可行性会议讨论，发现该公司对 RPA 智能机器人实施后的场景没有一个直观的认识，所以我们决定当场做一个员工生活小助理的 PoC。

1. 选用优秀的 RPA 产品

欲善其事，必先利其器。目前，国内外的 RPA 开发工具已经有很多种，截至目前，业内公认 RPA 智能机器人产品中最成熟、最有名气的是 UiPath RPA。我们选用 Uipath RPA 工具做 PoC 过程示例。Uipath RPA 产品页面布局如图 2-4 所示。

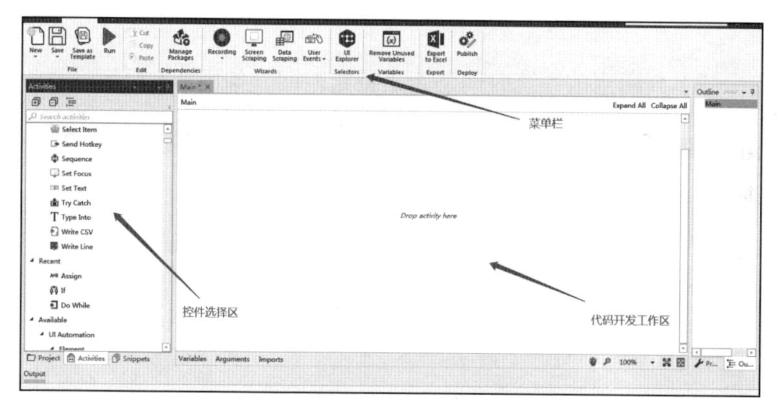

图 2-4　UiPath RPA 产品页面布局

2. 用 UiPath RPA 产品开发 PoC 的过程

UiPath RPA 整体布局与大多数传统软件开发工具布局非常相似，我们以制作主要任务是定时提醒的“员工生活小助理”的业务场景为例，进行快速简单的 PoC 开发。

1）选择“Do While”控件使机器人监听系统时间，如图 2-5 所示。

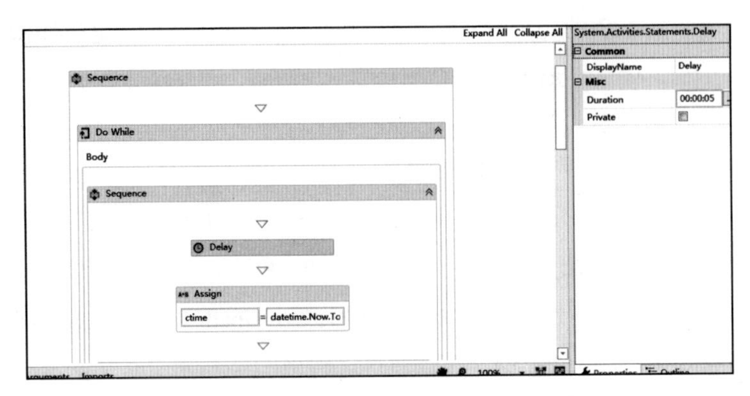

图 2-5 UiPath RPA 中选择“Do While”选项

2）判断当前系统时间是否是特定时间，如图 2-6 所示。

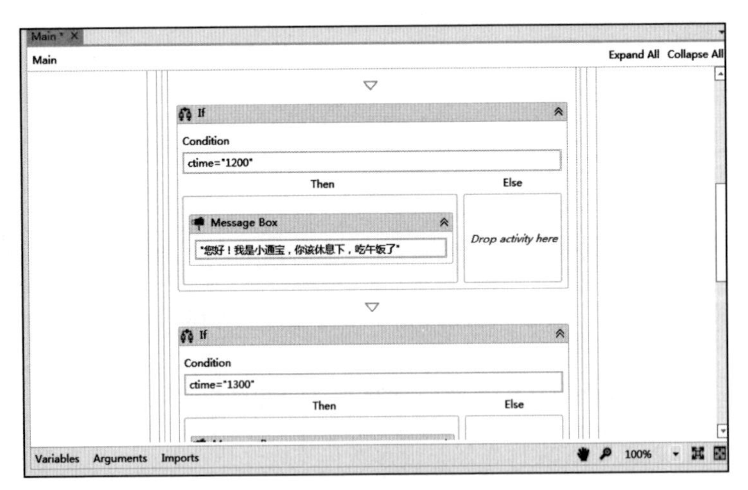

图 2-6 UiPath RPA 中选择要预设的系统时间

3）选择特定时间执行相关任务 1，如图 2-7 所示。

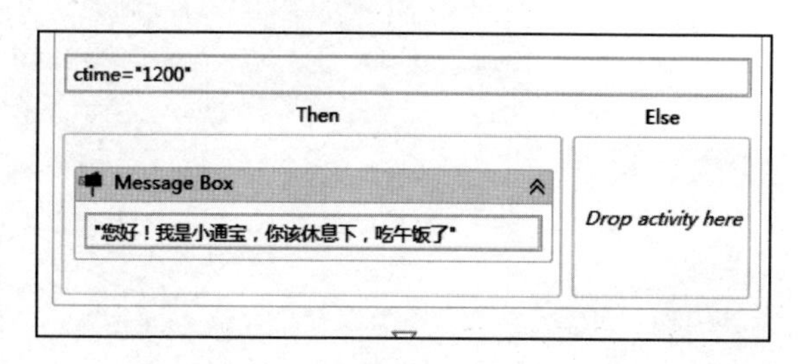

图 2-7　UiPath RPA 中设置提示信息（一）

4）选择特定时间执行相关任务 2，如图 2-8 所示。

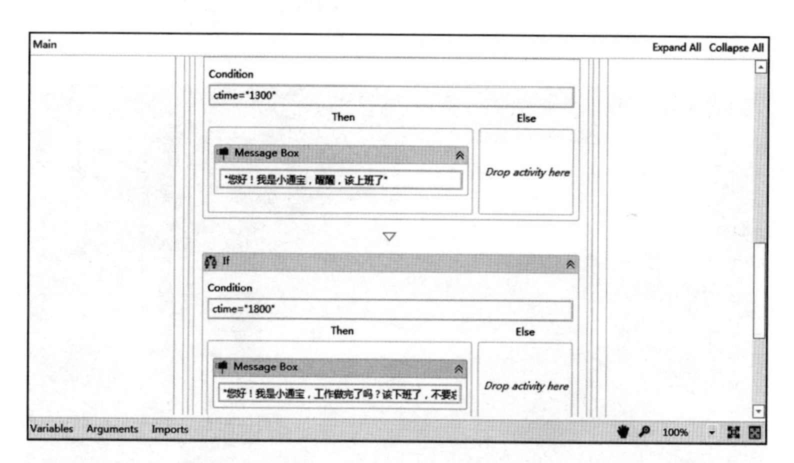

图 2-8　UiPath RPA 中设置提示信息（二）

5）运行结果。

以上最简单的 PoC 开发过程实施完后，最终看到的任务 1 输出结果如图 2-9 所示，任务 2 输出结果如图 2-10 所示。

图 2-9　UiPath RPA 中自动提示的信息 1

图 2-10　UiPath RPA 中自动提示的信息 2

上述简单 PoC 示例可以快速让企业的相关人员直观地认识到使用 RPA 智能机器人的便利。

2.5.5　开发 PoC 的小技巧

开发 PoC 其实是为了更好、更成功地运用 RPA 智能机器人。因此在部署 RPA 初期，应当做好如下几点。

1）挑选那些规则明确、逻辑性强、系统依赖少、不需要人工参与，又有大量高度重复操作的场景进行 PoC 验证，确定最有积极影响的业务流程，提升实现业务流程现代化的可能性，从而在 RPA 部署后获得最大价值。

2）慎重考虑 RPA 供应商是否有合理且丰富的安全机制，可以保证 RPA 部署后的系统安全性。

3）必须要考虑 PoC 部署的方法、质量、可维护性等指标。RPA 智能机器人的部署必须具备快速部署、快速迁移、快速找到异常点的能力。

2.6　RPA 智能机器人的治理和运营模式

在初步接触且尝试去接受 RPA 智能机器人的初期，企业通过识别和实现一些较为简单的业务场景来体验 RPA 智能机器人给实际工作带来的变化。无论是企业的业务部门还是 IT 部门，甚至企业的高级管理者，都期待能够从这些简单的业务场景应用中更深入地了解 RPA 智能机器人的特性以及能带来的运行效果和实际收益，以此来评估后续投入的力度和时间。由于 RPA 智能机器人投入数量以及工作负荷小，且一般不会介入核心业务环节，因此在初期对 RPA 资源的管理较为简单，IT 部门的 RPA 开发人员在负责开发之余兼顾运维工作即可。

2.6.1 CoE 团队的建立

经过前面所述的尝鲜阶段，伴随着 RPA 智能机器人部署数量的增加，工作负荷渐趋饱和，且 RPA 处理的关键业务数据与核心业务流程愈加深入与广泛。如何规范治理企业内部的 RPA 智能机器人，使其发挥最大的效能并持续稳定运行，从而真正成为企业数字化劳动力，就变得尤为重要。而且，随着 RPA 在整个业务流程的不断扩展，创建一个 RPA 卓越中心将有助于 RPA 知识的普及，可以让更多的人参与到自动化流程中。

良好的 CoE（Center of Excellence，卓越中心）团队可以为机器人的开发设计、上线部署、全方位监控和性能管理提供标准和成熟的支持。RPA 智能机器人管理工作包括监控、排班规划、日常运维、变更管理、事故管理、许可证管理、产能管理等。那么，有没有成熟可借鉴的企业级 RPA 智能机器人治理与运维模式可供借鉴呢？如何将散落在企业各个部门或不同业务流程环节中的 RPA 资源进行高效整合与统一调度，形成有战斗力的数字化劳动力团队呢？下面是软通动力集团在这方面的一些经验，供读者借鉴和参考。

RPA 智能机器人及其他类似的数字化、智能化产品经常被定义为企业数字化转型工具，但其实推动企业变革的并不是 RPA 或某一项技术工具，而是通过管理变革、流程优化（重构）+ RPA（或其他技术工具）来实现企业的数字化转型。在这个过程中，RPA

是为流程运行效率的提升与执行过程的合规服务的，通过流程的优化（重构）进而实现企业管理的变革以及企业自身业务与治理的数字化。基于此，一个企业的数字化劳动力（RPA）团队治理和运营模式应该紧紧围绕自身的战略发展。

2.6.2　RPA 组织治理和运行模式

图 2-11 所示的模型是软通动力集团数字化转型过程中，通过不断摸索和一线实践形成的 RPA 组织治理与运行模式，供读者参考借鉴。

图 2-11　RPA 组织治理和运行模式

企业组织存在的根本是在符合政策法规和适应外部环境制约的前提下，将资源的投入转化为可以交付给客户的产品或服务。在这一转化过程中，如何高效、合规地对产品或服务进行转化与交付，是企业管理水平的体现，也是决定企业生死存亡的关键，还是当下各类型企业组织都在尝试数字化转型的根本内因。为达成这一目标，企业内部形成一个专项组织（CoE），它是保障企业顺利进行数字化建设与完成数字化转型的关键。

1）CEO 或 COO：企业数字化建设的发起者与直接责任人。数字化 CoE 团队的建构及高效运行、数字化转型的成功，都与企业组织最高决策者 CEO 或 COO 的全力支持及强力推动有直接关系。

2）CIO：掌握着企业的核心数字化资源，包括人员、工具、基础设施、能力积累、知识沉淀、业务逻辑、原生系统管理权限等。CIO 所带领的 IT 部门，是企业数字化 CoE 组织的基础保障与能力输入团队，如 RPA、BPM、OCR 等工具的引入、开发团队资源调配、开发生命周期管理、实施与运维，必须取得该部门的全力支持与持续投入。

3）数字化 CoE 组织领导：在多数组织中，代替 CEO 或 COO 主持企业数字化建设（转型）日常工作；需要负责整合组织内的各项资源，推动核心价值链向高端延伸，持续进行流程的优化与重构，并在流程优化的过程中识别可以进行数字化转型的场景；整合分配资源、主持业务分析、设计开发方案、推动开发与实施、执行结果跟踪、评估效果与效益，进而（循环）推动业务流程的提效与合规建设，满足市场对企业的期望和要求。企业数字化转型 CoE 组织领导人员是整个企业数字化建设与转型中最为关键的角色，在企业组织内部要有强大的影响力、卓越的沟通能力、优秀的组织协调能力和推动能力，熟悉企业内部核心业务流程体系，人际关系良好，能站在公司整体利益的角度，从宏观层面指导、推动企业组织内各个部门与利益相关方持续进行核心业务流程的数字化转型与建设。企业数字化转型最终的成功与否，与其有直接的关系。

4）企业价值链流程负责人：通常是各职能部门的负责人、业务部门一级领导等角色，对流程输出的结果承担直接责任，有义务保障用最少的资源、以最短的时间输出最高质量的产品与服务。为达成上述的几个“最”，识别、评估时使用各种数字化技术与工具是最佳的实现途径。

在大框架和组织架构确定后，根据不同的企业规模，企业可将 CoE 组织规划为集中管理模式、协同管理模式、混合管理模式等。不同的形式无非是对资源的管理与流程负责人的层级进行细分，以软通动力集团的 CoE 组织治理与运行为例，在定义清楚 CoE 组织的上层结构以后，还可以进行更加清晰的职位规划与职责划分。

1）发起者：变革的发起人与推动者，从企业文化的层面认同 RPA 是企业的一项战略能力，需设法取得公司高层的支持，进而拿到资源、确保 RPA 实施进度。

2）专家顾问：灌输组织愿景及使命，带领机器人实施团队开展工作。

3）基础架构工程师：负责服务器安装及错误排查。

4）解决方案架构师：负责定义解决方案架构，确保最终结果符合预期。

5）开发工程师：负责设计、开发及测试自动化流程。

6）项目经理：组织 RPA 团队，在不同部门部署及设置 RPA，带领 RPA 团队开展工作。

7）RPA 的开发与实施工程师：在 RPA 产品上完成机器人开发和部署。

8）变更管理主管（委员会）：负责建立变更管理及沟通管理计划，确保方案的相容性与可交付。

9）商业与业务流程分析师（BA&BPA）：熟悉各业务部门的逻辑，负责建立自动化程序定义及流程图、拟定流程描述文档、识别具体业务环节的痛点与断点、设计流程优化方案、制定流程数字化的绩效目标、分析运行效果、将业务语言转化为技术描述语言等。

10）系统管理员：规划机器人资源、统筹机器人资产、管理任务队列、监控机器人运行状态，专注于持续改进机器人的效能。

11）运维支持工程师：RPA 部署后的第一线支持。

12）业务接口人：通常是企业价值链流程以下的二级或者三级流程负责人，熟悉业务规则、了解业务现状、规划优化方案、主导业务变革、评估执行效果，对业务流程的数字化与智能化转型有持续不断的诉求。

RPA 的实施不仅可以实现业务流程自动化、缩短业务时间、节省人力和物力，还可以在部署过程中发现企业潜在的业务流程问题，改善业务的管理规范并进行合规设计。只有做到“管

理变革 + 流程优化（重构）+ RPA”，才能有效实现企业的数字化转型。

另外，企业规模、主营业务与人员构成等各种客观因素不同，使得企业采取符合自身数字化发展阶段的解决方案也不同。内部 CoE 组织的设立一定不要千篇一律或生搬硬套，数字化建设主要负责人必须根据企业自身的特点与现状，制定、构建相适用的 RPA 战略规划以及组织架构，分步骤、有规划地推动企业内部的管理变革与业务流程的持续优化。结合 RPA 智能机器人的技术特点与成功应用，实现企业数字化转型。

2.7　本章小结

本章主要从 RPA 智能机器人实施方法论角度，介绍企业或组织内部如何有规划地开展 RPA 智能机器人业务场景的识别、识别原则以及评价分析方法论，并进一步介绍了 PoC 的几种方式以及如何建立专门的企业内部 CoE 组织来助力实现数字化转型。

第 3 章 CHAPTER

RPA 智能机器人在人力资源领域的应用

在传统的业务模式下，人力资源领域有大量的技能要求不高、烦琐且重复操作的业务场景，RPA 智能机器人应用于人力资源领域，能够最大限度地释放低技能操作岗位人员的投入，为人力资源工作赋能提效。

本章讲解了学历验证 RPA 智能机器人、简历批量制作 RPA 智能机器人、项目资源配置及调整 RPA 智能机器人和文件解析 RPA 智能机器人这 4 个 RPA 智能机器人在人力资源领域的应用实践，助力企业实现数字化转型。

3.1 学历验证 RPA 智能机器人

3.1.1 适用的业务场景

学历是目前很多用人单位在选用人才时的重要参考。学历认证，也称学籍档案服务资格认证，是一项保护公民隐私、倡导道德诚信、维护社会公平的档案管理工作。

学历验证 RPA 智能机器人可以将学历验证的全过程实现自动化，提高验证准确率和效率，解放人力。其适用于人员流动快、招聘需求量大、学历验证需求多的大中型企业，在企业招聘流程的效率提升、降本提效方面起到明显的推动作用。

3.1.2 解决的业务痛点

1）烦琐复杂：人工读取候选人提交的学历认证信息的 15 个字段，将验证码手工输入学信网查询页面，然后与候选人提交的文件一一比对，最后做出判断。

2）用时较长：打开网页，输入验证码，验证学历认证信息的 15 个字段，做出判断，每份学历最少用时 5 分钟。

3）容易出错：验证码编号易出错、输入时易出错、人工对比字段信息易出错。

学历验证业务的痛点是：验证量大、投入时间多、成本高、人工处理出错率高，RPA 智能机器人可以很好地解决这些痛点。

3.1.3　学历验证 RPA 智能机器人开发过程

1. 理解和分析学历验证业务场景

首先，要了解学历验证业务操作，如表 3-1 所示。

表 3-1　学历验证业务操作

步骤	业务操作动作
1	开始
2	候选人参与面试，提交学历验证文件（纸质文件）
3	HR 收到学历验证文件（纸质文件）
4	HR 将学历验证要求提交给验证员（纸质文件）
5	验证员打开学信网网站
6	验证员人工读取学历验证文件中的【在线验证码】
7	验证员在学信网输入【在线验证码】
8	学信网查出候选人学历验证文件
9	验证员人工比对 15 个字段
10	验证员判断该学历是否通过验证
11	验证员将判断结果返回给 HR（邮件）
12	结束

然后，需要充分理解并分析当前的业务流程，如图 3-1 所示。

2. 用 RPA 思维拆分业务场景

学历真实性验证业务需要跨多个系统操作，对比项多，造成工作效率低，且重复工作多，出错率高，这些业务特点特别符合 RPA 部署原则。所以，RPA 结合 OCR 技术可以代替人工完成候选人的学历真实性验证。

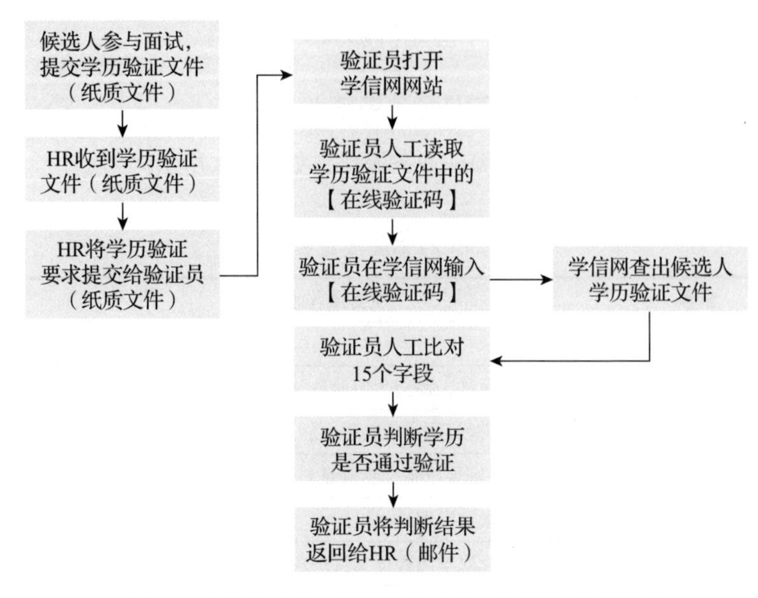

图 3-1　未使用 RPA 智能机器人的学历验证业务流程

根据实践结果，学历验证过程中 90% 的工作量可以由 RPA 智能机器人来完成。传统人工处理和 RPA 智能机器人处理操作的对比，如表 3-2 所示。

表 3-2　传统人工处理操作和 RPA 智能机器人处理操作对比

步骤	传统人工处理操作	RPA 智能机器人处理操作
1	开始	开始
2	候选人参与面试，提交学历验证文件（纸质文件）	候选人参与面试，提交学历验证文件（电子文件）
3	HR 收到学历验证文件（纸质文件）	HR 收到学历验证文件（电子文件）
4	HR 将学历验证要求提交给验证员（纸质文件）	HR 将学历验证要求提交给机器人（电子文件）

（续）

步骤	传统人工处理操作	RPA 智能机器人处理操作
5	验证员打开学信网网站	机器人按规则完成验证并返回报告给 HR（邮件）
6	验证员人工读取学历验证文件中的【在线验证码】	
7	验证员在学信网输入【在线验证码】	
8	学信网查出候选人学历验证文件	
9	验证员人工比对 15 个字段	
10	验证员判断该学历是否通过验证	
11	验证员将判断结果返回给 HR（邮件）	
12	结束	结束

RPA 验证学历流程如图 3-2 所示。

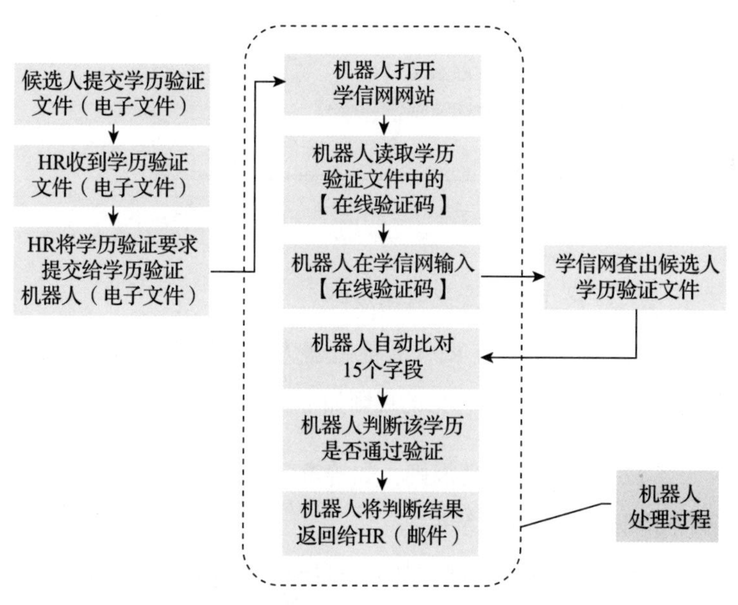

图 3-2　使用 RPA 智能机器人的流程

3. 熟悉和识别 RPA 产品所需控件

进入 UiPath RPA 智能机器人软件工具页面，熟悉和识别 RPA 产品所需控件，如图 3-3 所示。

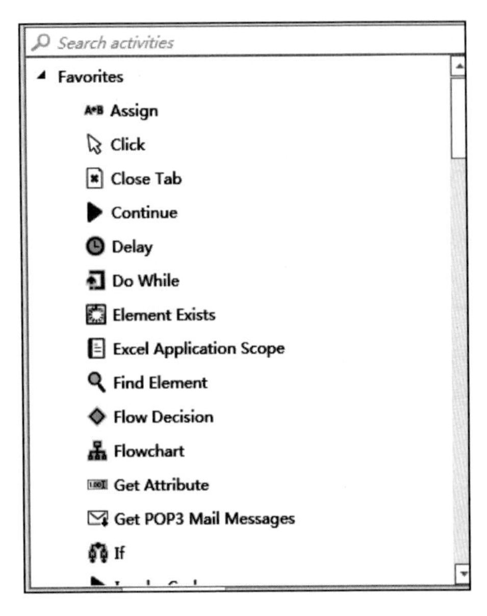

图 3-3 识别 UiPath RPA 中所需控件

4. 在 RPA 工具中定义异常规则

异常规则用于定义 RPA 智能机器人不能正常运行时，应该采取的处理方式。几种典型的规则如下。

1）数据源异常处理规则：如请求的数据格式不正确、数据模糊不清时，应返回的结果。

2）设备异常处理规则：如设备自检发现异常时，应通知的负责人和返回的结果。

3）环境异常处理规则：如断电、温度和湿度变化影响正常运行时，应采取的保护行为和自动启动措施等。

5. 在 RPA 工具中定义交付规则

交付规则是指 RPA 智能机器人接收或完成任务后，在什么时间节点、为什么角色、交付什么内容的任务执行结果，以便任务请求人和相关人员对 RPA 智能机器人的工作结果进行核查和确认。

以学历验证 RPA 智能机器人业务场景为例，交付规则定义如下。

1）当 RPA 智能机器人收到任务后，以“RPA 机器人业务接单提醒！”为主题给请求人返回一个通知，告知任务已被成功接收，如图 3-4 所示。

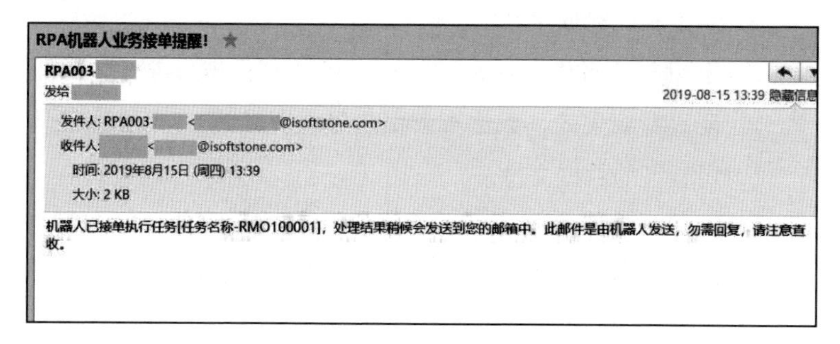

图 3-4　RPA 智能机器人任务接收通知

2）当 RPA 智能机器人任务执行完后，以“RPA 任务－RMO 学历验证报告执行结果”为主题，给请求人返回一个通知，告知任务完成结果，如图 3-5 所示。

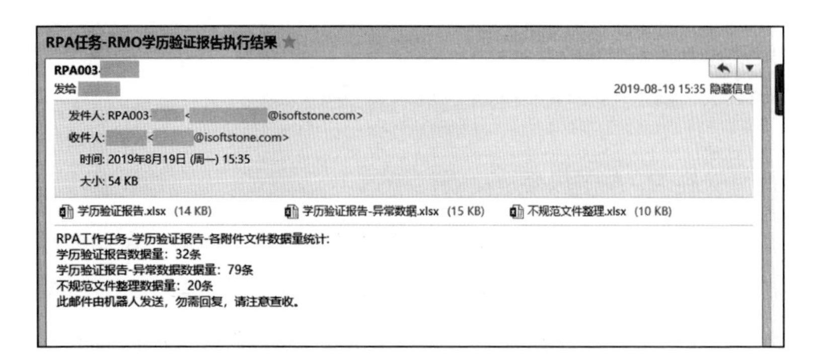

图 3-5　RPA 智能机器人任务完成通知

3）以学历验证 RPA 智能机器人业务场景的通知邮件内容为例，邮件内容可以在 UiPath RPA 工具中按需定制。邮件内容解释如下。

- 学历验证报告：基础数据抓取正常，有准确校验结果的学历验证数据文件。
- 学历验证报告 – 异常数据：基础数据抓取异常（学历验证码授权失效，无法查询报告等情况导致），无法进行学历验证的数据文件。
- 不规范文件整理：非“教育部学历证书电子注册备案表”的学历报告，即暂不支持解析的学历报告文件。

3.1.4　学历验证 RPA 智能机器人工作过程

学历验证 RPA 智能机器人需要在 UiPath RPA 智能机器人软件工具中完成如下 8 个步骤的配置和执行。

1）设计学历验证整体流程，如图 3-6 所示。

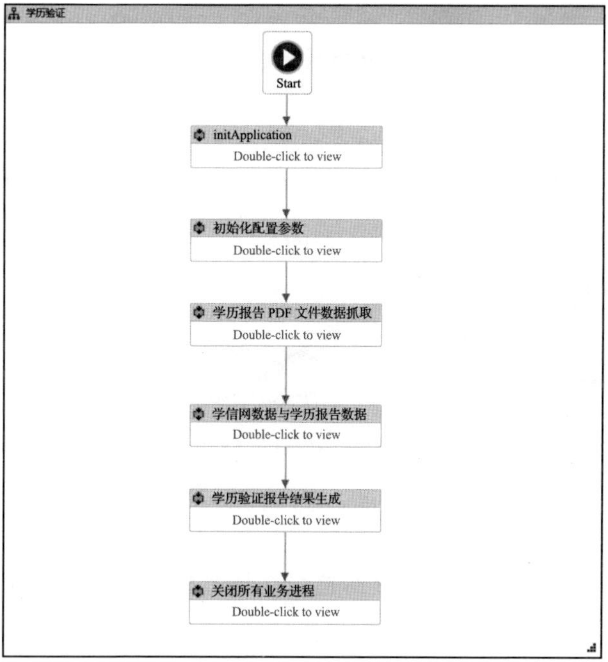

学历验证
Start
initApplication
Double-click to view
初始化配置参数
Double-click to view
学历报告 PDF 文件数据抓取
Double-click to view
学信网数据与学历报告数据
Double-click to view
学历验证报告结果生成
Double-click to view
关闭所有业务进程
Double-click to view

图 3-6　学历验证整体流程设计

2）遍历学历报告文件，如图 3-7 所示。

For Each
ForEach
pdfIten
in
pdfFolder.GetFiles("*.pd
Body
遍历存放学历报告文件夹，
检索该文件夹下所有 PDF 文件，
返回 Filclno 对象数组进行遍历
Common
DisplayName
For Each
Misc
Private
TypeArgument
Object
Values
pdfFolder.GetFiles("*.pdf")
Output
Index
The zero-based index of the current element in the

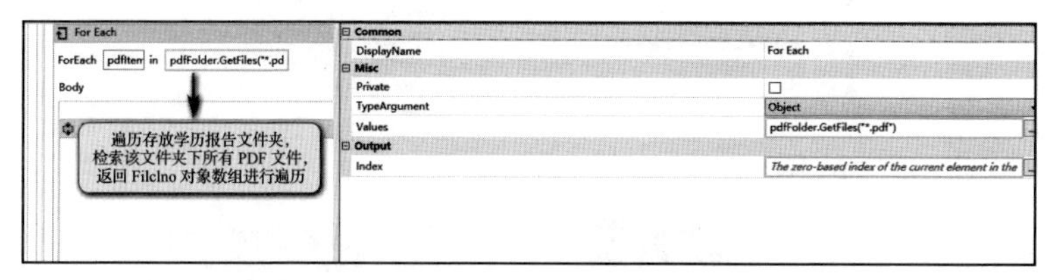

图 3-7　RPA 工具中遍历学历报告文件

3）使用 OCR 工具抓取 PDF 学历报告数据，如图 3-8 所示。

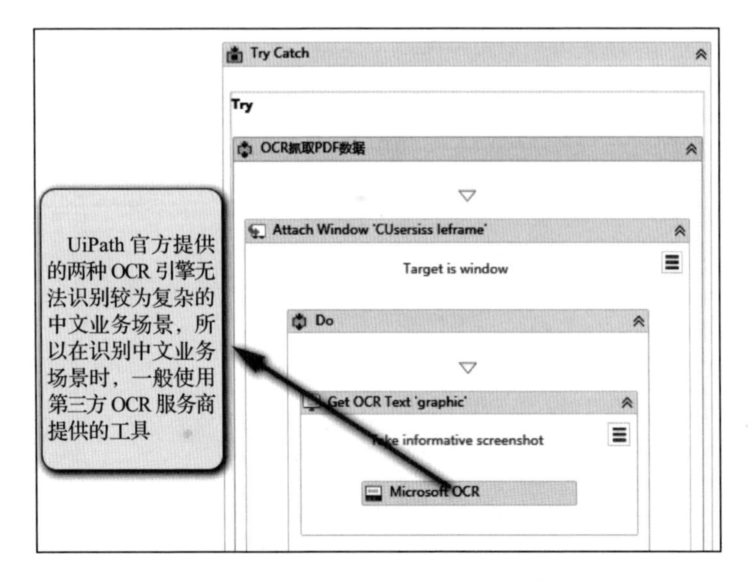

图 3-8　使用 OCR 工具抓取 PDF 学历报告数据

4）使用 OCR 工具识别是否是规范的学历报告，如图 3-9 所示。

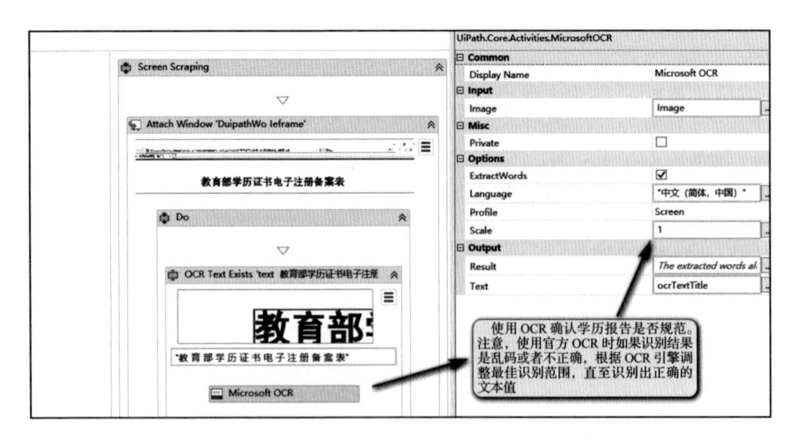

图 3-9　使用 OCR 工具识别学历报告规范性

5）设置自动登录学信网，并进行验证码录入，如图 3-10 所示。

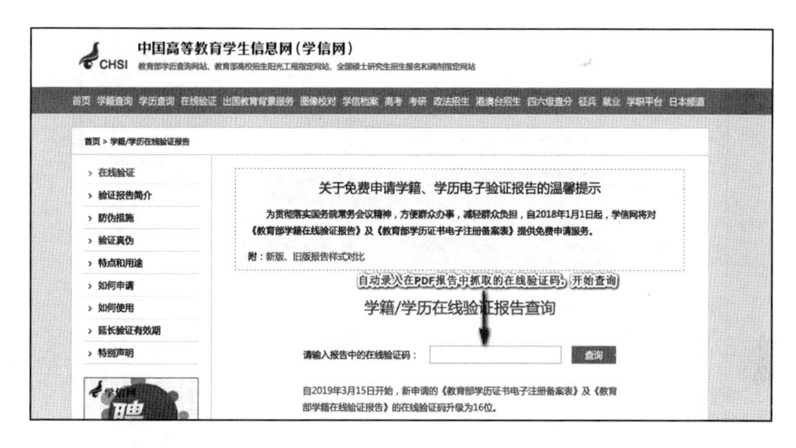

图 3-10　学信网验证码录入

6）设置学信网数据抓取源码，如图 3-11 所示。

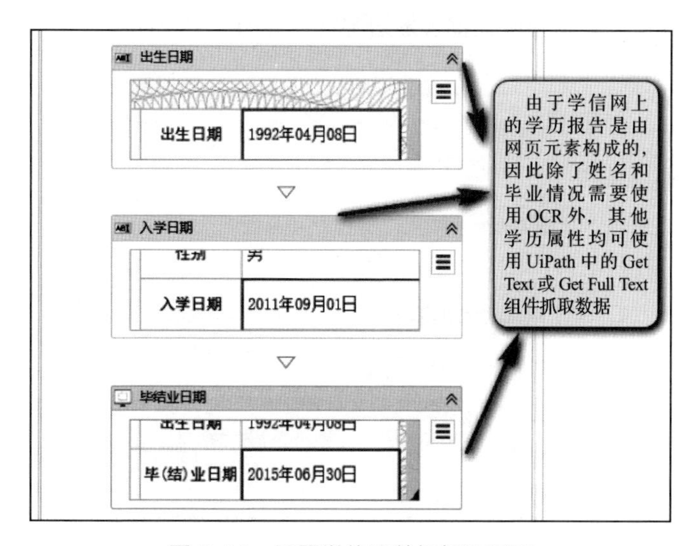

图 3-11　设置学信网数据抓取源码

7）设置在学信网抓取的数据，如图 3-12 所示。

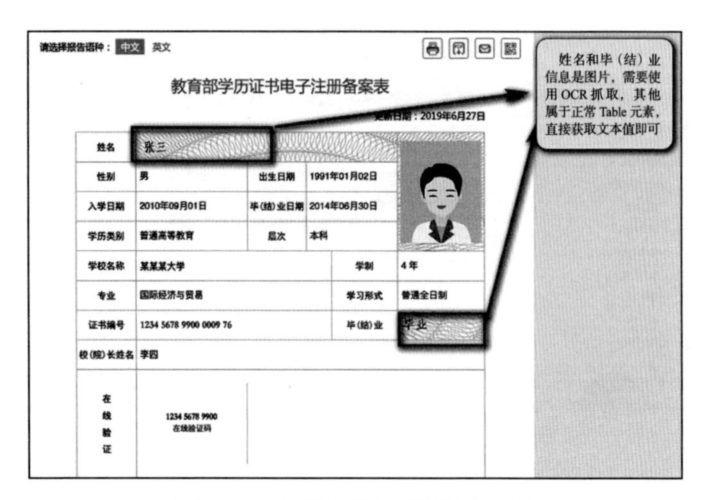

图 3-12　设置在学信网抓取的数据

8）设置学历验证报告发送邮件，如图 3-13 所示。

图 3-13　设置验证报告发送邮件

3.1.5　学历验证 RPA 智能机器人开发建议

- 针对学历验证 RPA 智能机器人这类业务场景，在进行 RPA 机器人的开发和配置时，要尽量将业务范围划分清楚，采用模块化开发，减少业务之间的耦合度，有利于提高 RPA 项目最终测试的便捷性。
- 在开发和配置 RPA 智能机器人的过程中，使用到的参数和变量的默认值不要写在“变量或参数的默认值”输入框中，尽量放到工作流中，并使用 Assign 函数赋值初始化。
- 在开发和配置 RPA 智能机器人的过程中，局部变量作业范围尽量选择全局范围，这样可以减少维护的工作量。
- 在开发和配置 RPA 智能机器人的过程中，对于需要多次复用的组件，尽量封装成通用组件工作流文件，便于统一调用。
- 该案例依赖 OCR 技术，OCR 识别的准确率影响着流程最终执行的结果。OCR 识别时采用通用场景固定识别模板，同时读取学历报告的文字内容，辅助校验 OCR 识别准确率。后期待识别准确率达到预期效果时，关闭辅助校验，优化识别效率。由于 UiPath 公司官方所提供的 OCR 引擎识别中文的准确率无法达到商用的效果，所以在此项目中，除了较为简单的文字识别，大部分复杂的文字识别统一采用第三方 OCR 服务商提供的工具。
- 在学历验证 RPA 智能机器人开发和实践的过程中，深刻体会到开发人员一定不要局限于某一个 RPA 智能机器人开发工具，要灵活运用，整合现有的资源和技术达到最大的效益比。RPA 智能机器人的核心目的是节省人类在计算机上固定场景的工作时间和工作成本，把人从较为简单且重复的计算机工作任务中解放出来，去做更有意义和复杂的工作。RPA 的稳定性、准确性、高效率、低成本特性是 RPA 项目成功的关键。深入理解 RPA 的核心思想，围绕这一思想去实施，有助于 RPA 技术的推广和 RPA 服务的最终落地。

3.1.6 使用 RPA 智能机器人的收益

以上述软通动力集团实践结果为例，相比传统的操作方式，学历验证 RPA 智能机器人将工作效率提升了约 8.8 倍，由每小时处理 90 人次简历提高到每小时处理 790 人次简历，如图 3-14 所示。

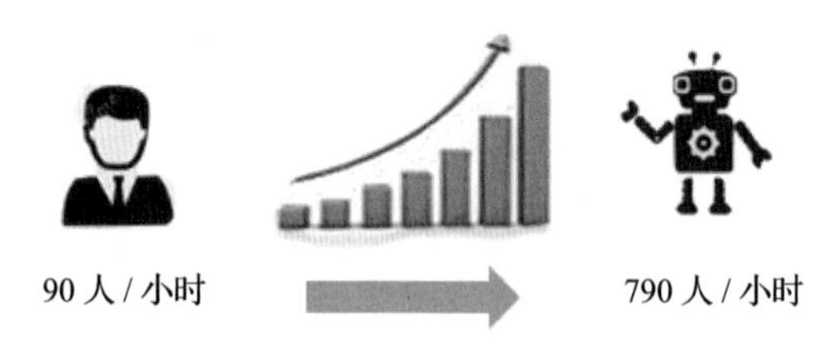

图 3-14 学历验证 RPA 智能机器人的收益

候选人提交学历报告 PDF 附件后，就可以由学历验证 RPA 智能机器人自动验证，将学历验证工作提到面试初期，使招聘效率提升，招聘风险降低。

3.2　简历批量制作 RPA 智能机器人

3.2.1　适用的业务场景

对于资源服务型大型企业而言，标准、美观、清晰、完整的简历是企业在资源服务管理能力方面的重要体现。大型人力资源服务型企业，在向客户提交简历时，往往会遇到不同客户对简历的内容、格式要求不同的情况，导致一份简历需要重复制作。这种操作不仅耗费大量人工，而且无法保证准确性，有时还会因工作量太大无法完成，错过客户要求的提交时间，或完成的质量不好，从而影响业务发展。在手工处理时代，简历的制作过程是无休止的，要从不同系统里复制不同的字段信息，再粘贴到相应的简历模板，工作人员价值贡献度低，易出错，导致对客户的服务质量降低。

简历批量制作 RPA 智能机器人可以将手工操作、人工校验的简历制作过程自动化，提高制作效率和信息准确性，释放人工。

3.2.2　解决的业务痛点

简历制作的业务痛点如下。

- 简历制作量大
- 重复劳动多
- 投入时间多
- 成本高

针对以上业务痛点，简历批量制作 RPA 智能机器人代替人工操作，可以减少人力投入，降低出错率，并大大提高工作效率。

3.2.3 简历批量制作 RPA 智能机器人开发过程

1. 理解和分析简历批量制作业务场景

首先，了解当前简历批量制作业务场景，如表 3-3 所示。

表 3-3 当前简历制作业务场景

步骤	业务操作动作
1	开始
2	客户经理提交简历制作通知给简历制作人，内含简历人员信息、模板要求等（邮件）
3	简历制作人收到通知后打开文档，阅读通知内容
4	简历制作人打开相应简历模板
5	简历制作人打开系统简历库
6	简历制作人按模板要求逐一复制所需字段信息，并粘贴至简历模板中，检查后保存（如同时制作多人、多模板简历时，该过程需按人、按模板单独制作）
7	简历制作人将制作好的简历发送给客户经理
8	客户经理检查后递交给客户
9	结束

然后，充分理解并分析当前的业务流程，如图 3-15 所示。

2. 用 RPA 思维拆分业务场景

简历制作业务规则固定、重复劳动多、出错率高，这些业务特点符合 RPA 的实现原则，所以简历批量制作 RPA 智能机器人可以辅助人工完成批量简历制作，大大提高效率。

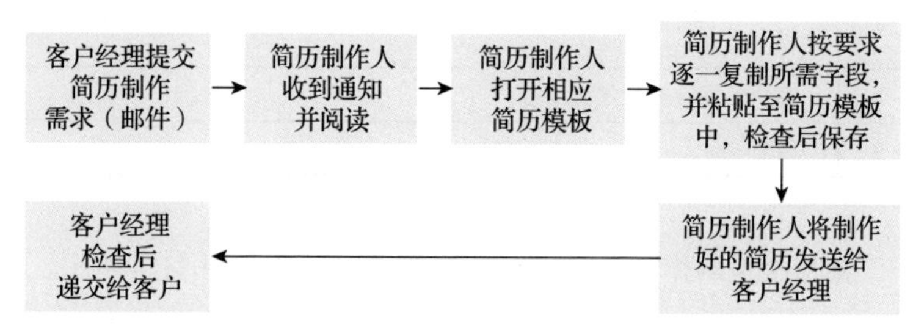

图 3-15　未使用 RPA 智能机器人的简历批量制作业务流程

实践结果表明，在简历制作过程中，90% 的工作量可以由 RPA 智能机器人来协助完成。传统的简历制作步骤与使用 RPA 智能机器人后的步骤是不同的，如表 3-4 所示。

表 3-4　人工处理操作和 RPA 智能机器人处理操作对比

步骤	人工处理操作	RPA 智能机器人处理操作
1	开始	开始
2	客户经理提交简历制作通知给简历制作人，内含简历人员信息、模板要求等（邮件）	客户经理提交简历制作通知给机器人，内含简历人员信息、模板要求等（邮件）
3	简历制作人收到通知后打开文档，阅读通知内容	机器人按规则完成简历，并返回报告和制作的简历给客户经理
4	简历制作人打开相应简历模板	客户经理递交给客户（无须验证）
5	简历制作人打开系统简历库	结束
6	简历制作人按模板要求逐一复制所需字段信息，并粘贴至简历模板中，检查后保存（如同时制作多人、多模板简历时，该过程需按人、按模板单独制作）	

（续）

步骤	人工处理操作	RPA 智能机器人处理操作
7	简历制作人将制作好的简历发送给客户经理	
8	客户经理检查后递交给客户	
9	结束	

简历批量制作 RPA 智能机器人的业务流程如图 3-16 所示。

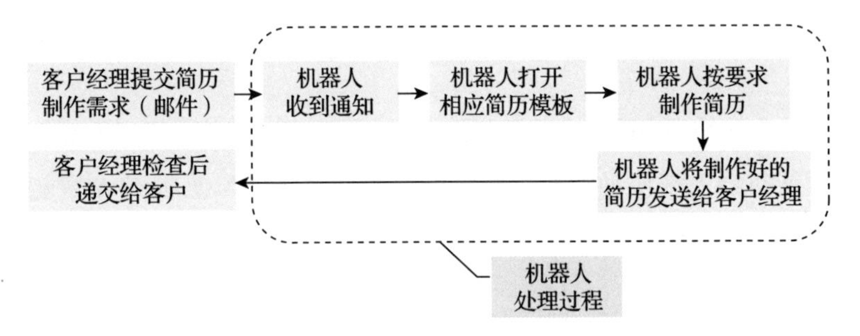

图 3-16　简历批量制作 RPA 机器人业务流程

3. 熟悉和识别所需 RPA 产品控件

进入 UiPath RPA 智能机器人软件工具，识别所需 RPA 产品控件，如图 3-17 所示。

4. 在 RPA 工具中定义异常规则

异常规则用于定义 RPA 智能机器人在不能正常运行时应该采取的处理方式，主要有数据源异常处理规则、设备异常处理规则和环境异常处理规则 3 种典型的异常规则。在简历批量制作 RPA 智能机器人业务场景中，这些规则依然适用。

图 3-17　识别 UiPath RPA 中所需 RPA 控件

5. 在 RPA 工具中定义交付规则

交付规则是指 RPA 智能机器人接收或完成任务后，在什么时间节点、为什么角色、交付什么内容的任务执行结果，以便任务请求人和相关人员对 RPA 智能机器人的工作结果进行核查和确认。

以简历批量制作 RPA 智能机器人这个业务场景为例，交付规则定义如下。

1）当机器人收到任务后，以“RPA 智能机器人业务接单提醒!”为主题给请求人返回一个通知，告知任务已被成功接收，如图 3-18 所示。

2）当机器人完成任务后，以“RPA 工作任务 – RMO 简历批量制作结果”为主题，给请求人返回一个通知，告知任务完成结果，如图 3-19 所示。

答复 全部答复 转发
2019/11/12 (周二) 18:55
RPA003- @isoftstone.com
RPA机器人业务接单提醒！[系统分配业务单号-201911127266731685]
收件人 @isoftstone.com
机器人已接单执行任务[任务编号-RMO1002]，处理结果稍候会发送到您的邮箱中。此邮件是由机器人发送，勿需回复，请注意查收。

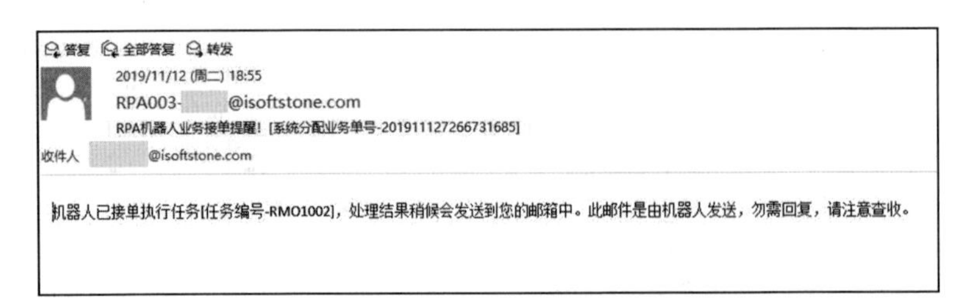

图 3-18　RPA 智能机器人任务接收通知

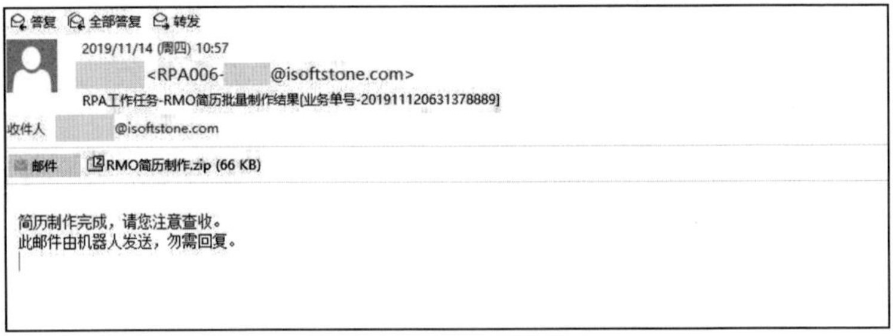

答复 全部答复 转发
2019/11/14 (周四) 10:57
<RPA006- @isoftstone.com>
RPA工作任务-RMO简历批量制作结果[业务单号-201911120631378889]
收件人 @isoftstone.com
邮件 RMO简历制作.zip (66 KB)
简历制作完成，请您注意查收。
此邮件由机器人发送，勿需回复。

图 3-19　RPA 智能机器人任务完成通知

3）简历批量制作 RPA 智能机器人业务场景的通知邮件内容解释如下。

- 制作好的简历将以附件的形式发给客户经理。
- 邮件的正文内容，可以根据实际业务进行定制化配置。

3.2.4　简历批量制作 RPA 智能机器人的工作过程

采用 RPA 智能机器人来完成简历批量制作这个任务，需要在 UiPath RPA 智能机器人软件工具中，完成如下 9 个步骤的配置和执行。

1）设置读取简历清单和获取简历信息，如图 3-20 所示。

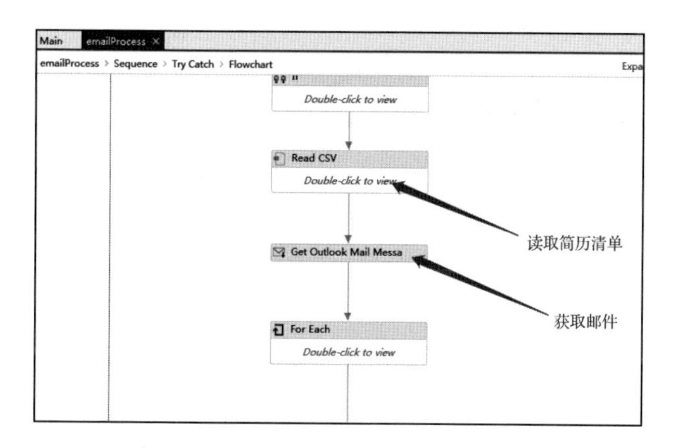

图 3-20　设置读取简历清单和获取简历信息

2）获取邮件中的附件，如图 3-21 所示。

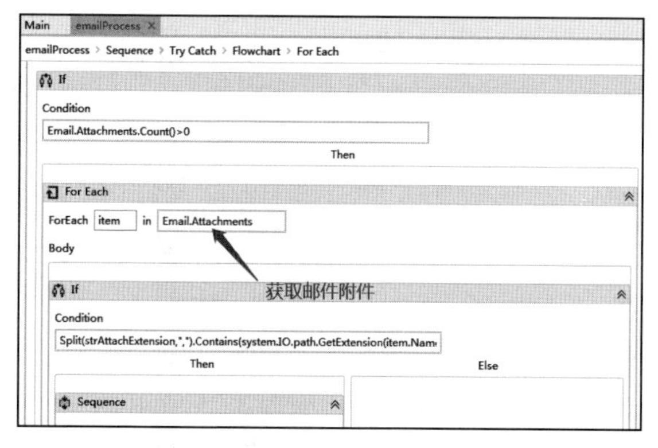

图 3-21　获取邮件附件

3）打开简历模板，如图 3-22 所示。

图 3-22　设置打开简历模板

4）打开系统自动登录，如图 3-23 所示。

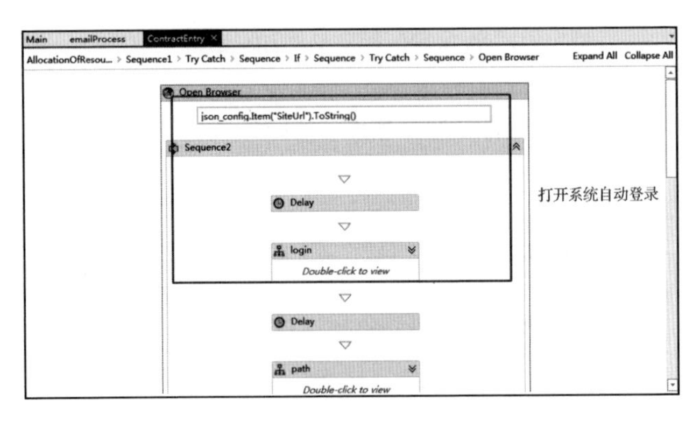

图 3-23　打开系统自动登录

5）复制 / 粘贴简历内容，如图 3-24 所示。

6）验证简历是否创建成功，如图 3-25 所示。

7）处理下一份简历，如图 3-26 所示。

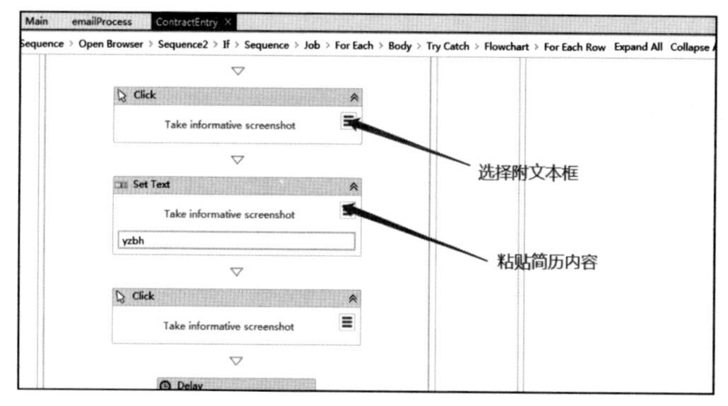

图 3-24　复制 / 粘贴简历内容

图 3-25　验证简历是否创建成功

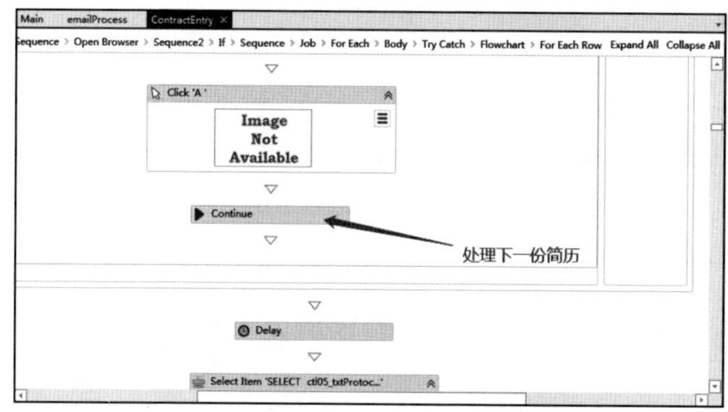

图 3-26　处理下一份简历

8）设置异常处理规则，如图 3-27 所示。

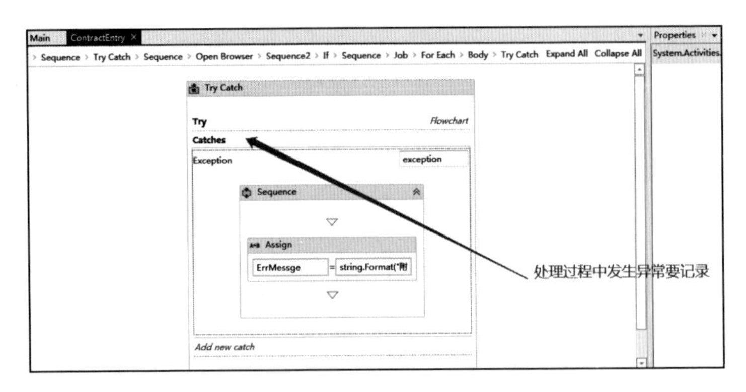

图 3-27　设置异常处理规则

9）将处理结果以邮件方式发送给用户，如图 3-28 所示。

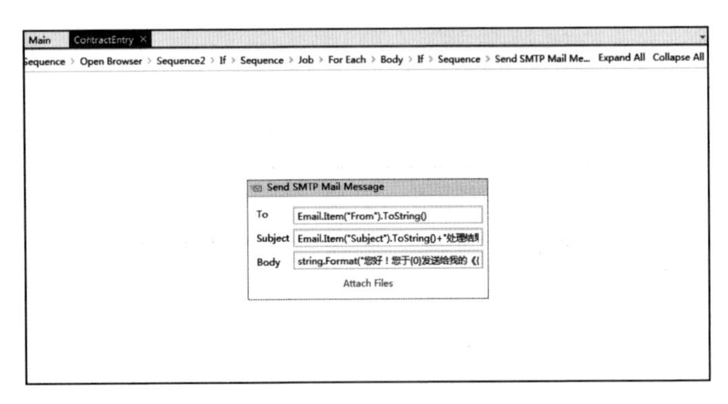

图 3-28　发送邮件给用户

3.2.5　简历批量制作 RPA 智能机器人开发建议

❑ 简历制作业务比较复杂，建议进行简历模块划分，以便后期维护与迭代。

- ❑ 在简历制作过程中，获取的数据经常会不准确，建议反复处理和判断，确保获取的数据是准确无误的。
- ❑ 对于重复使用并且通用性较强的代码块，建议封装为工具类，在使用的时候可以直接调用，避免重写大量重复性代码而浪费不必要的时间，从而提升开发效率。
- ❑ 在进行每一项具体的操作时，建议都要有详细的日志记录，以便在碰到异常时可以快速定位到异常位置。
- ❑ 代码编写要简单易懂，不建议写过于复杂的逻辑判断，避免在后续维护的过程中花费大量时间来阅读代码。

3.2.6　使用 RPA 智能机器人的收益

从软通动力集团的实践结果看，简历批量制作 RPA 智能机器人的工作效率是人工效率的 20 倍（人工制作一份简历需 10 分钟，现只需 30 秒），如图 3-29 所示。

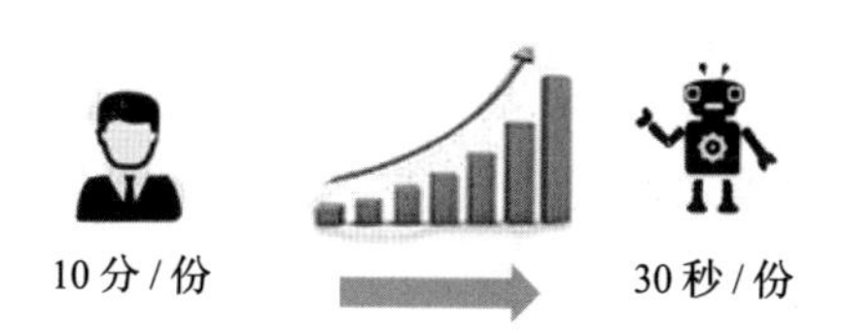

图 3-29　使用 RPA 智能机器人的收益

机器人自动制作简历正确率 100%，同时提高了资源需求的响应速度，对业务发展起到了巨大的推动作用。

3.3 项目资源配置及调整 RPA 智能机器人

3.3.1 适用的业务场景

在项目管理领域，项目资源（主要指人力投入）管理的准确性、及时性都是项目成败的关键，对项目的成本与收入核算起到关键作用。

项目资源包括人力资源、软硬件资源及一切以保证项目成功为目的所需的其他类型资源。以软通动力集团为例，软通动力为客户提供软件与技术服务、创新与数字化转型服务和数字化运营服务，这些服务都会以项目的形式实现资源配置与调整、成本核算、质量验证、交付等全过程管理。其中，资源配置与调整这项工作由资源经理来承担，操作方式是在项目立项之初，按项目需求将所需人员以手工操作的方式逐一配置进项目，以人为单位明确人员进出项目的时间。

当项目资源发生变动时，资源经理需要重复此项工作，记录项目执行阶段的人员工时等。

项目资源配置及调整 RPA 智能机器人可以将手工操作、人工校验的资源配置过程自动化，将人工逐条操作变为批量自动操作，提高配置效率和信息准确性，进而释放人工。其适用于项目多、资源管理复杂的企业，在项目管理效率提升方面有明显的推动作用。

3.3.2　解决的业务痛点

项目资源配置及调整的业务痛点是：涉及的项目多、人员多、人工方式出错率高、管理难等。项目资源配置及调整 RPA 智能机器人正好可以解决这些业务痛点。

- 因为涉及的项目多、人员多、项目切换频繁，所以资源配置工作占据大量的人工投入，且成本高、错误多。
- 人工进行资源配置与调整出错率高，对成本与收入核算会带来不利影响。
- 资源调配不及时造成的成本核算不准，会导致闲置人员预测难、管理难等。

3.3.3　项目资源配置及调整 RPA 智能机器人开发过程

1. 理解和分析项目资源配置及调整业务场景

首先，了解当前项目资源配置及调整业务场景，如表 3-5 所示。

表 3-5　资源配置及调整业务场景

步骤	业务操作动作
1	开始
2	资源经理收到项目经理资源配置 / 调整需求（邮件），并将其作为参考
3	登录资源管理系统，打开项目资源配置页面
4	在资源配置页面进行逐一配置（每人涉及至少 6 个字段）
5	保存配置结果并进行系统逻辑验证
6	提交单据进入复核过程
7	结束

然后，充分理解并分析当前的业务流程，如图 3-30 所示。

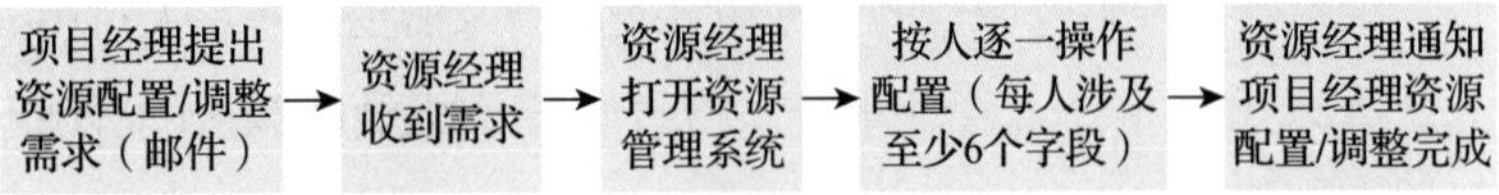

项目经理提出资源配置/调整需求（邮件）→ 资源经理收到需求 → 资源经理打开资源管理系统 → 按人逐一操作配置（每人涉及至少6个字段）→ 资源经理通知项目经理资源配置/调整完成

图 3-30　未使用 RPA 智能机器人的资源配置及调整业务流程

2. 用 RPA 思维拆分业务场景

项目资源配置及调整业务需要人工操作逐一完成，每个配置和调整动作至少需要对 6 个字段进行确认。由于对比项多，造成工作效率低、重复量大、出错率高，这些业务痛点符合 RPA 的实现原则。

实践结果表明，项目资源配置及调整业务的所有需要人完成的工作均可由 RPA 机器人完成。

传统人工处理操作和 RPA 智能机器人处理操作的对比，如表 3-6 所示。

表 3-6　传统人工处理操作和 RPA 智能机器人处理操作对比

步骤	人工处理操作	RPA 智能机器人处理操作
1	开始	开始
2	资源经理收到项目经理资源配置 / 调整需求（邮件），并将其作为参考	项目经理将资源配置 / 调整需求发送给 RPA 机器人（邮件）
3	登录资源管理系统，打开项目资源配置页面	RPA 机器人按规则完成任务，并将结果反馈给项目经理（邮件）
4	在资源配置页面按人逐一进行配置（每人涉及至少 6 个字段）	生成工作日志，并以邮件方式发送给指定人员

（续）

步骤	人工处理操作	RPA 智能机器人处理操作
5	保存配置结果并进行系统逻辑验证	结束
6	提交单据进入复核过程	
7	结束	

RPA 智能机器人的业务流程如图 3-31 所示。

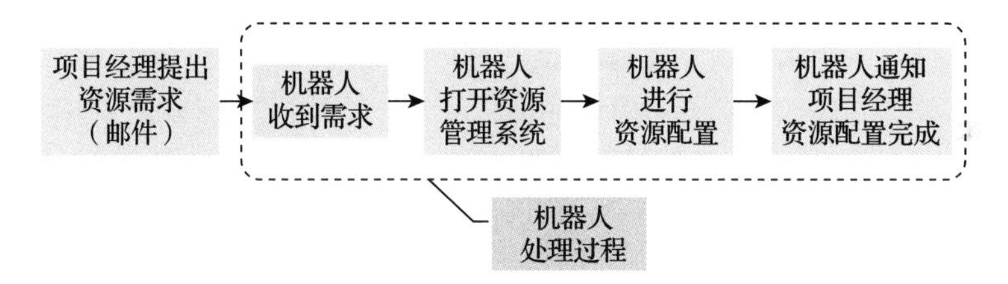

图 3-31　使用 RPA 智能机器人后的业务流程

3. 熟悉和识别所需 RPA 产品控件

进入 UiPath RPA 智能机器人软件工具，熟悉和识别所需 RPA 产品控件，如图 3-32 所示。

4. 在 RPA 工具中定义异常规则

项目资源配置及调整业务场景的异常规则定义和前面所述的业务场景一样，同样可以采用数据源异常处理规则、设备异常处理规则、环境异常处理规则 3 个典型的异常规则。

5. 在 RPA 工具中定义交付规则

在项目资源配置及调整 RPA 智能机器人适用的真实业务场景中，交付规则的定义基本上和前面所述的业务场景类似。交付规则是指 RPA 智能机器人接收或完成任务后，在什么时间节点、为什么角色、交付什么内容的任务执行结果，以便任务请求人和相关人员对 RPA 智能机器人的工作结果进行核查和确认。

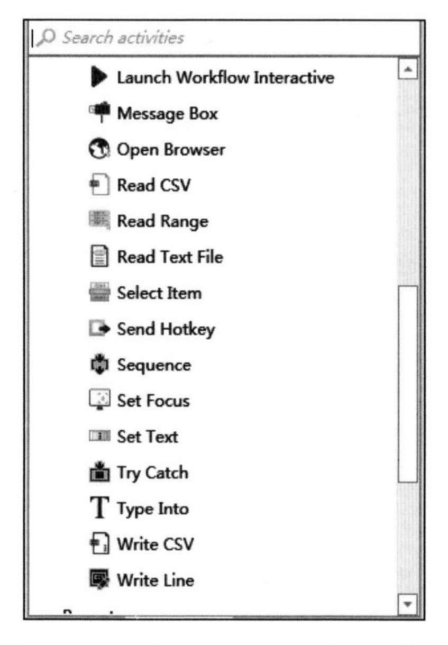

图 3-32 识别 UiPath RPA 中所需控件

以项目资源配置及调整 RPA 智能机器人为例，交付规则定义如下。

1）向 RPA 智能机器人发送任务指令，以“帮忙处理下资源配置”为主题发送邮件给 RPA 机器人，如图 3-33 所示。

2）当 RPA 智能机器人完成任务后，以“处理下资源配置处理结果”为主题，给请求人返回一个通知，告知任务完成结果，如图 3-34 所示。

图 3-33　RPA 智能机器人任务接收通知

图 3-34　RPA 智能机器人完成任务通知

项目资源配置及调整 RPA 智能机器人业务场景的通知邮件内容，可以在 UiPath RPA 工具中按需定制。

3.3.4　项目资源配置及调整 RPA 智能机器人工作过程

采用 RPA 智能机器人来完成项目资源配置及调整任务，需要在 UiPath RPA 智能机器人软件工具中，完成如下 11 步的配置和执行。

1）了解 UiPath RPA 软件工作区划分，如图 3-35 所示。

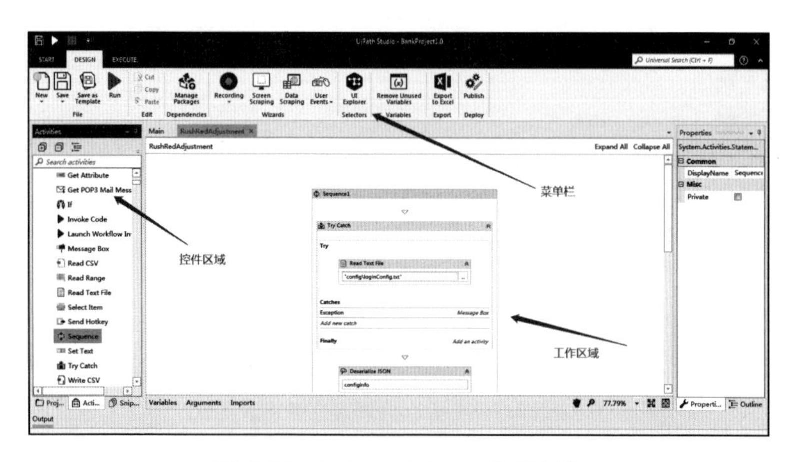

图 3-35　UiPath RPA 工作区划分

2）读取配置信息并打开浏览器进入登录界面，如图 3-36 所示。

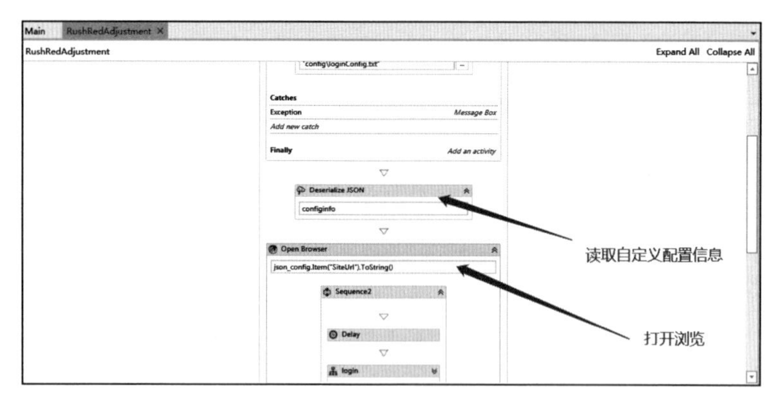

图 3-36　读取配置信息

3）设置自动登录信息和登录异常处理规则，如图 3-37 所示。

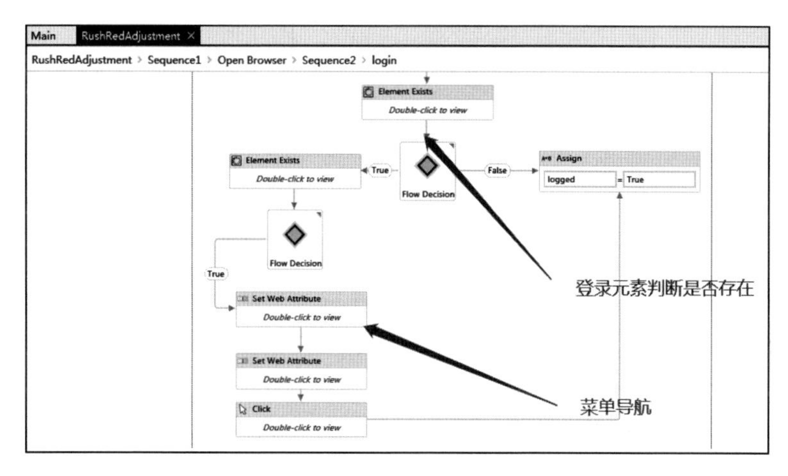

图 3-37　设置自动判断元素

4）设置自动导航到目标菜单，如图 3-38 所示。

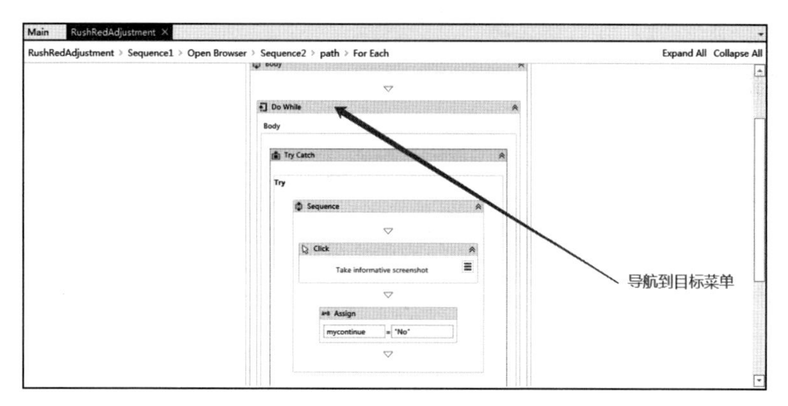

图 3-38　设置导航到目标菜单

5）创建一个资源配置任务，如图 3-39 所示。

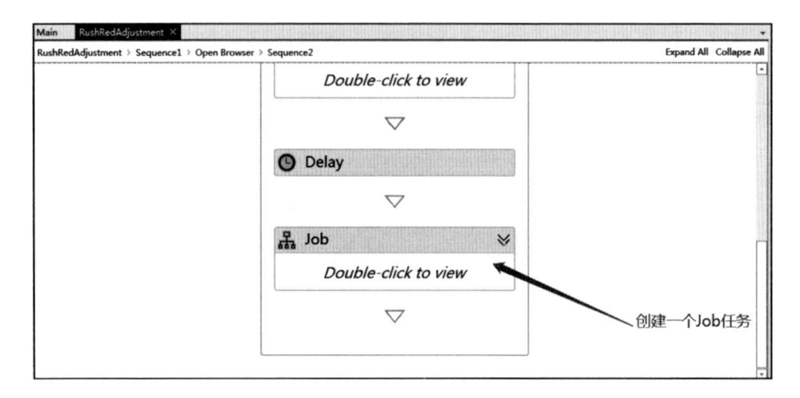

图 3-39　创建一个资源配置任务

6）读取数据来源，并检查数据来源的合理性，如图 3-40 所示。

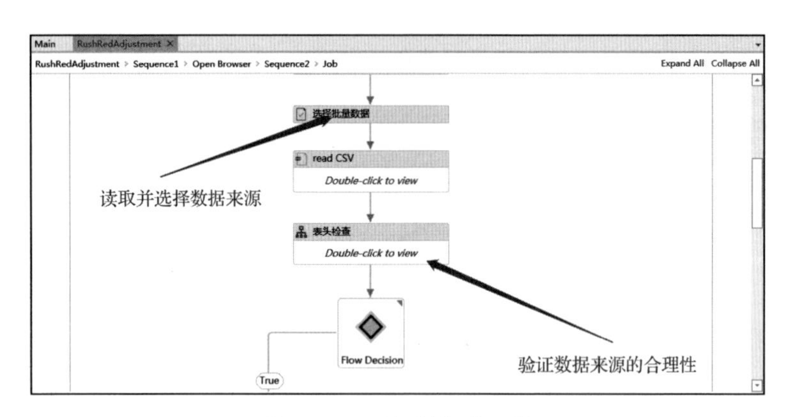

图 3-40　验证数据合理性

7）检查数据合理性的部分代码，如图 3-41 所示。

8）设置逐条读取数据来源，如图 3-42 所示。

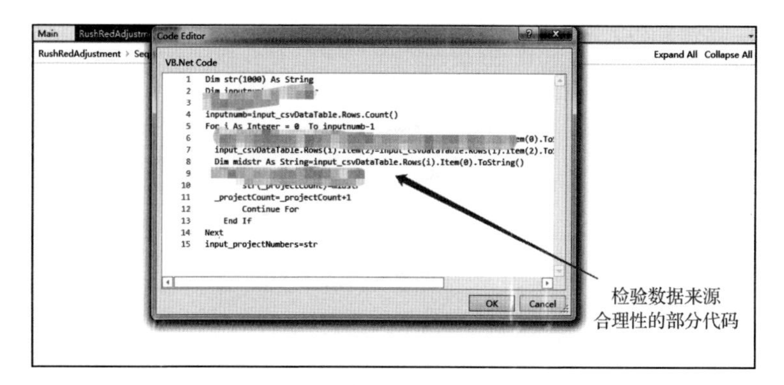

图 3-41 检验数据合理性的部分代码

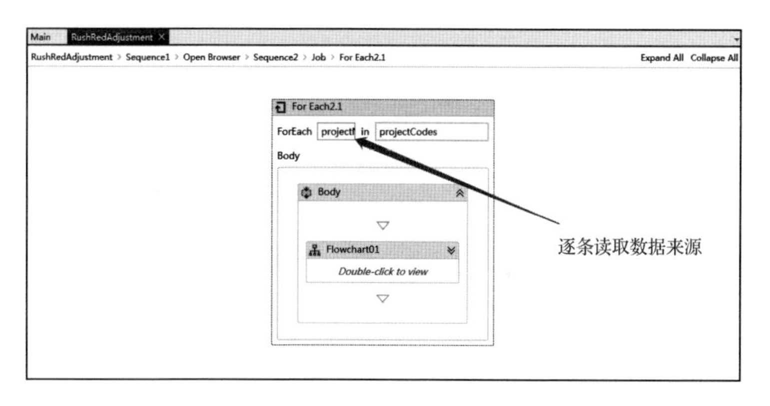

图 3-42 读取数据来源

9）从系统中读取元素、点击元素、录入数据，如图 3-43 所示。

10）判断系统中的数据列表是否存在，查询符合条件的数据，如图 3-44 所示。

11）设置系统中的元素属性，挂起流程，等待系统处理完数据后，执行后续动作，如图 3-45 所示。

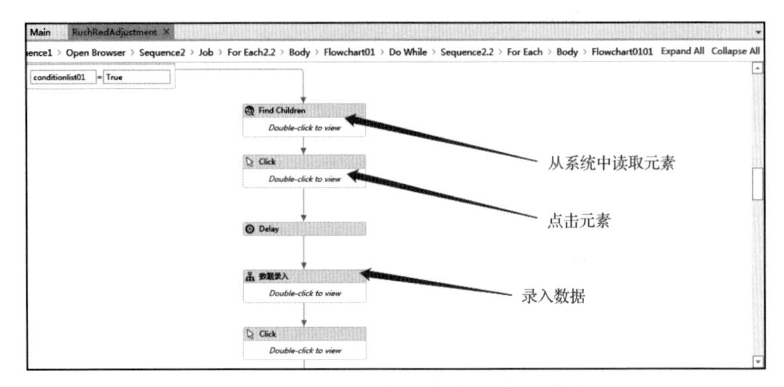

图 3-43　设置读取元素、点击元素和数据录入

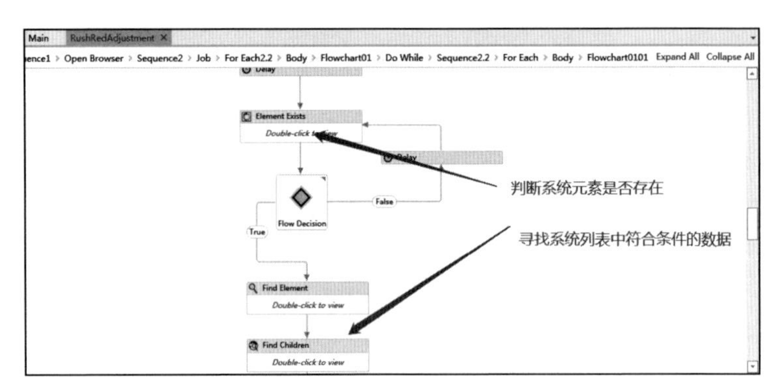

图 3-44　设置判断条件

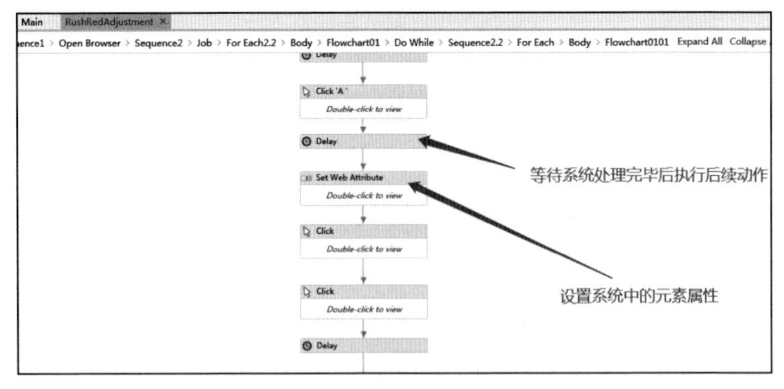

图 3-45　设置系统中的元素属性

3.3.5　项目资源配置及调整 RPA 智能机器人开发建议

- ❑ 在数据不存在的情况下，建议处理下一个项目。
- ❑ 在项目中人员信息不存在的情况下，建议把项目编号记录下来同处理结果一起发送给客户。
- ❑ 当项目中人员信息已经存在时，建议不要重复添加人员，直接修改已存在人员的信息。

3.3.6　使用 RPA 智能机器人的收益

从软通动力集团的实践结果看，RPA 智能机器人实施后每天可以节省 3.5 人人力投入，资源配置工作的效率提升 90%，预计全集团只需 0.52 台 RPA 智能机器人就能完成资源配置及调整工作，如图 3-46 所示。

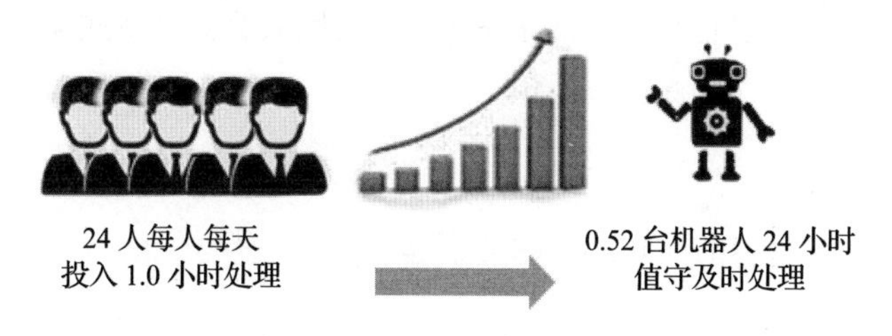

图 3-46　使用 RPA 智能机器人后的收益

3.4　文件解析 RPA 智能机器人

3.4.1　适用的业务场景

文件解析的需求来自无纸化办公效率提升的要求。数字经济的发展，对企业的数字化能力提出了更高的要求。在数字化的过程中，首先需要解决的问题是把业务和管理的过程数据、结果数据从文本格式转换成结构化数据。比如订单数据、合同数据、员工简历数据、活动及任务执行数据等在很多时候是以文本文件的形式从不同的渠道汇集而来的，需要经过处理，将其转化成结构化数据，用于企业经营。人工处理的方式费时费力，出错率高。

文件解析 RPA 智能机器人可以自动解析文件中的数据，完成识别、读取、存储的全过程，大大提高工作效率和准确率。

3.4.2 解决的业务痛点

- 文本数据信息录入量大、投入时间多、成本高。
- 人工数据识别，录入出错率高。
- 环节多且需人工依序完成，容易因人为失误造成业务过程不能实现闭环。

3.4.3 文件解析 RPA 智能机器人开发过程

1. 理解和分析文件解析业务场景

首先，了解当前文件解析业务场景，如表 3-7 所示。

表 3-7 当前文件解析 RPA 业务场景

步骤	业务操作
1	开始
2	商务人员收到的合同文件一般为邮件中的附件，是 Word 或 PDF 格式

（续）

步骤	业务操作
3	商务人员整体阅读并进行数据字段识别，识别出重点字段信息（如：客户名称、客户联系人、客户地址、客户联系方式、产品 / 服务信息、合同总价、付款条款、付款方式、客户银行、客户账号、交付约定、质量约定、违约处理方式、有效期、签约日期、续约日期等），每一份文件做一次
4	商务人员将上述识别出来的信息在系统或电子表格中进行逐一录入并保存
5	商务人员再次核查录入信息的准确性与一致性，并将原始文档整理归档，然后处理下一份文件
6	结束

然后，充分理解并分析当前的业务流程，如图 3-47 所示。

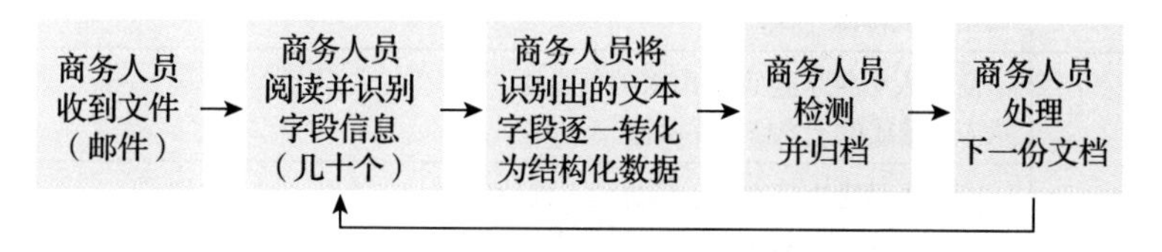

图 3-47　未使用 RPA 智能机器人的文本解析业务流程

2. 用 RPA 思维拆分业务场景

文本解析是文本信息向结构化数据转化的过程，操作人员要用人眼识别、手工录入，对操作人员的主动意识和工作态度都有极高要求，且很难复核。重复工作量大、出错率高，这类业务符合 RPA 的实现原则。所以 RPA 智能机器人结合 OCR 可以代替人工完成文本解析类业务。

实践结果表明，文本解析类业务 90% 的手工工作量可以由 RPA 智能机器人来完成。传统的文本解析业务操作与 RPA 智能机器人处理操作对比如表 3-8 所示。

表 3-8　传统人工处理操作和 RPA 智能机器人处理操作对比

步骤	人工处理操作	RPA 智能机器人处理操作
1	开始	开始
2	商务人员收到合同文件，一般为邮件中的附件，是 Word 或 PDF 格式	商务人员将文件上传给文件解析机器人
3	商务人员整体阅读进行数据字段识别，识别出重点字段信息（如：客户名称、客户联系人、客户地址、客户联系方式、产品 / 服务信息、合同总价、付款条款、付款方式、客户银行、客户账号、交付约定、质量约定、违约处理方式、有效期、签约日期、续约日期等），每一份文件做一次	文件解析机器人按规则自动读取，并完成数据存储与文件归档
4	商务人员将上述识别出来的信息逐一录入系统或电子表格中并保存	结束
5	商务人员再次核查录入信息的正确性，并将原始文档整理归档，然后处理下一份文件	
6	结束	

使用 RPA 智能机器人的业务流程如图 3-48 所示。

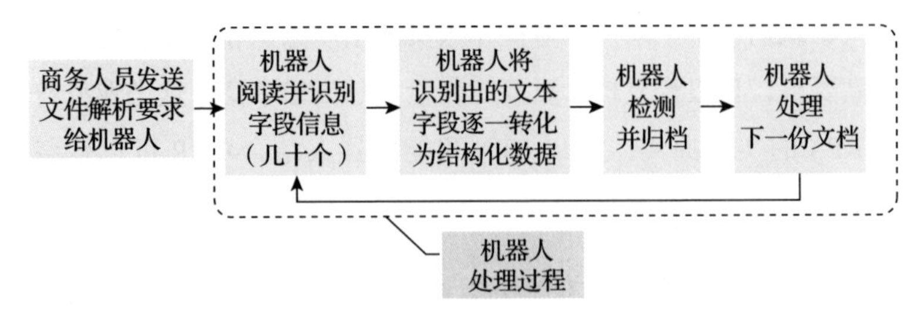

图 3-48　使用 RPA 智能机器人的流程

3. 熟悉和识别所需 RPA 产品控件

进入 UiPath RPA 智能机器人软件工具，识别所需 RPA 产品控件，如图 3-49 所示。

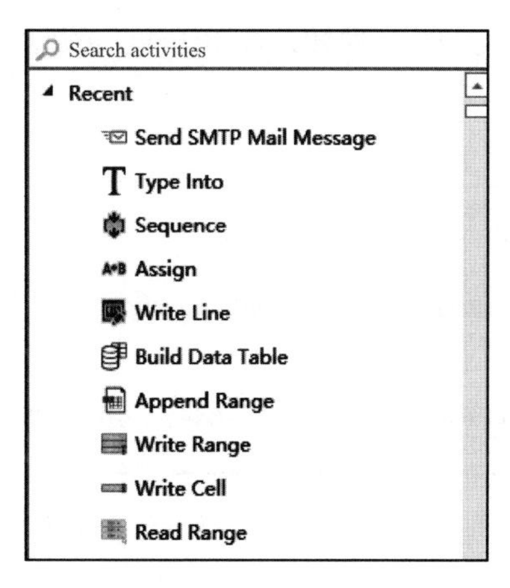

图 3-49　识别 UiPath RPA 中所需 RPA 产品控件

4. 在 RPA 工具中定义异常规则

文本解析 RPA 业务场景的异常规则定义和前面所述的几个 RPA 业务场景一样，同样可以采用数据源异常处理规则、设备异常处理规则、环境异常处理规则 3 个典型的异常规则。

5. 在 RPA 工具中定义交付规则

在 RPA 智能机器人适用的真实业务场景中，交付规则的定义与前面的几个业务场景类似。交付规则是指 RPA 智能机器人在接收或完成任务后，在什么时间节点、为什么角色、交付什么内容的任务执行结果，以便任务请求人和相关人员对 RPA 智能机器人的工作结果进行核查和确认。

以文本解析 RPA 智能机器人为例，交付规则定义如下。

1）当机器人收到任务后，以“RPA 机器人业务接单提醒!”为主题给请求人返回一个通知，告知任务已被成功接收，如图 3-50 所示。

图 3-50　RPA 智能机器人任务接收通知

2）当机器人完成任务后，以“RPA 任务－文件解析结果”为主题，给请求人返回一个通知，告知任务完成结果，如图 3-51 所示。

图 3-51　RPA 智能机器人完成任务通知

3）文本解析 RPA 智能机器人的通知邮件内容（邮件内容可

以在 UiPath RPA 工具中按需定制）解释如下。

- ❑ 文件解析结果：基础数据抓取正常，已完成数据存储。
- ❑ 文件解析结果 – 异常数据：基础数据抓取异常（数据识别率低于 50%），需要进行人工核查。

3.4.4　文件解析 RPA 机器人工作过程

文件解析 RPA 智能机器人需要在 UiPath RPA 智能机器人软件工具中完成如下 5 个步骤的配置和执行。

1）设计文本解析整体流程，如图 3-52 所示。

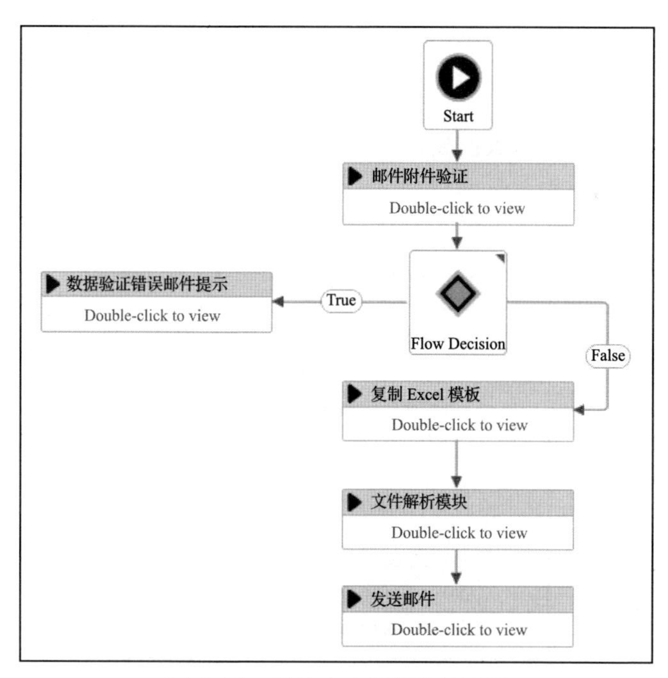

图 3-52　设计文本解析整体流程

2）设置邮件附件验证，如图 3-53 所示。

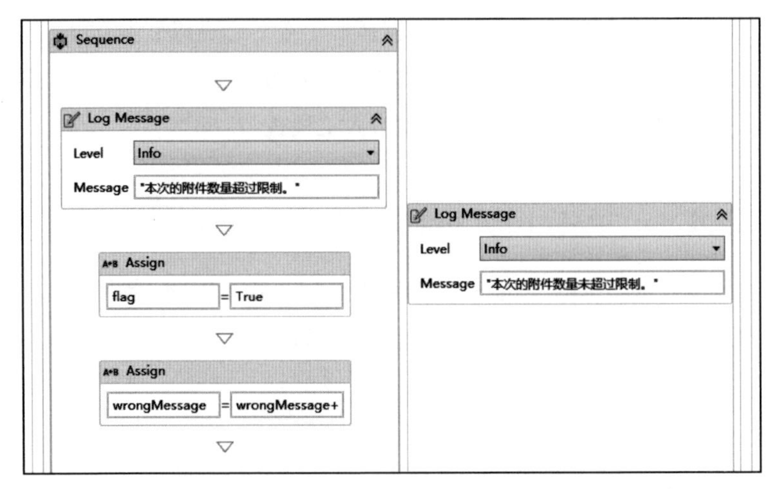

图 3-53　设置邮件附件验证

3）设置导入表模板，如图 3-54 所示。

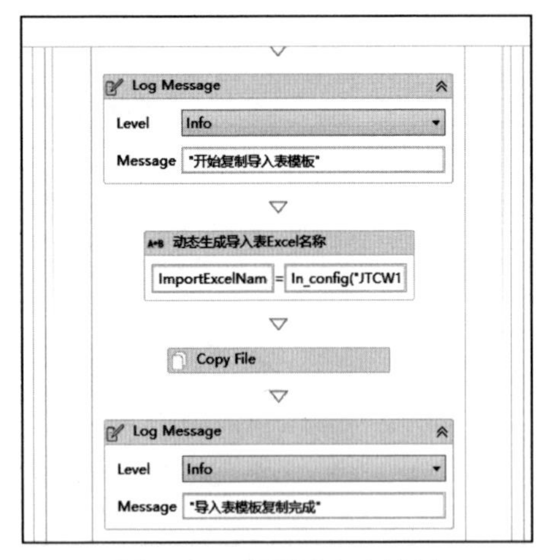

图 3-54　设置导入表模板

4）设置文件解析模块，如图 3-55 所示。

图 3-55　设置文件解析模块

5）设置文件解析报告并邮件发送给用户，如图 3-56 所示。

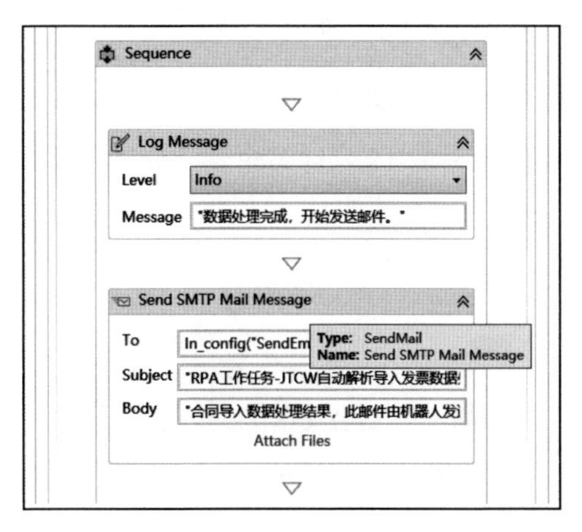

图 3-56　设置文件解析报告

3.4.5 文件解析 RPA 智能机器人开发建议

- 对于文件路径，建议将 Excel 的 Sheet 页名称、账号等可能需要变动的信息提取出来放到配置文件中，在以后修改的时候直接修改配置文件信息即可，不需要修改源代码。
- 文件解析要求数据准确无误，不能有任何偏差，因此在开发过程中一定要认真反复地检查自己写的代码是否符合业务要求，并进行多次测试。
- 将解析出来的数据写入 Excel 表格时，建议使用操作简单的组件，比如：可以将解析的数据封装为一个 DataTable 对象，再使用 Append Range 组件将其追加到 Excel 中。
- 对于不同文件解析模板的相同操作内容，建议将其提取出来，通过参数传入具体解析信息，再写入相应的 Excel 中。

3.4.6 使用 RPA 智能机器人的收益

从软通动力集团的实践结果看，文件解析 RPA 智能机器人将文件解析工作由原来的 15 分钟缩短到 1 分钟，效率提升 14 倍，如图 3-57 所示。

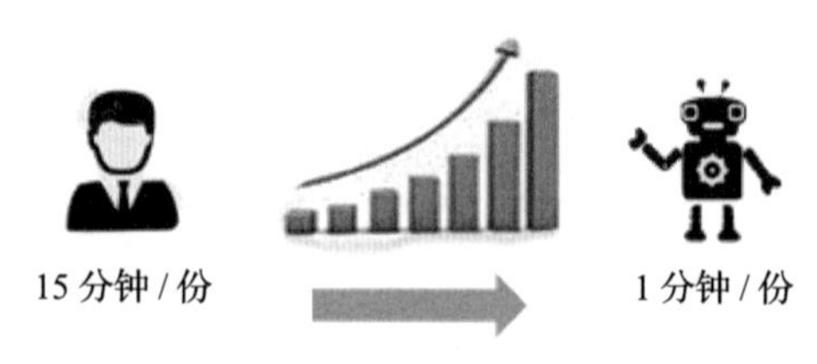

图 3-57 使用 RPA 智能机器人的收益

3.5　本章小结

本章所述的 4 个案例均来自软通动力集团，设计规则以软通动力的业务场景和管理要求为出发点。RPA 智能机器人在人力资源工作场景中的应用有待进一步挖掘，其设计和开发规则可依据不同企业的管理规则和要求进行相应调整。同时需要特别注意，人力资源的管理规则根据业务变化而变化，RPA 智能机器人的运行规则也需要随之调整，以保证 RPA 智能机器人的工作结果与实际业务的运营要求保持匹配。RPA 智能机器人的规则维护是运行结果的重要保障。

第 4 章 CHAPTER

RPA 智能机器人在财务 / 税务领域的应用

财务和税务是规则性极强的领域，存在大量重复且需要手工完成的业务流程，如票据接收、审核、报表出具等，都是基于标准化规则的操作，会耗费企业大量的人力资源和时间成本。企业财务工作的业务特点符合 RPA 的应用原则。本章的 RPA 应用场景将集中在财务和税务领域，通过分析当前的业务场景流程和痛点，让读者学会用 RPA 思维重构业务流程，掌握 RPA 实施方法论的核心。读完本章后，读者可以了解到，财务和税务是企业天然的大数据中心，是企业数字化变革的有利切入点。

4.1 合同录入 RPA 智能机器人

4.1.1 适用的业务场景

在当前的经济环境下，企业间建立生态链或战略伙伴关系的合作模式成为主流的合作共赢模式。在这种趋势下，销售合同也更多地转变为“框架协议 + 订单”的签约方式，合作双方在框架协议中约定核心条款，在未来几年的合作期限内，通过大量下发订单的方式发出需求和具体的结算信息。

如此大批量、格式固定、需要重复人工投入的工作，给机器人的引入带来了空间，而合同录入 RPA 智能机器人的开发上线，实现了 PO（Purchase Order，采购订单）数据到合同录入的全自动化处理。

4.1.2 解决的业务痛点

- 人工录入出错率高。
- 订单数量大，耗时耗力。
- 为保证数据质量，需配置专门复核岗位对录入信息进行核查，增加了额外的人工成本支出。
- 即使配备了专门的人工复核岗位，数据质量依然得不到保障，错误率仍然居高不下，需要进行多次调整与核查。
- 一旦错误信息进入主业务环节，对后续业务流程的准确执行势必造成负面影响，增加各个环节的工作量，导致数据链条整体失效、失控。

4.1.3　合同录入机器人开发过程

1. 理解和分析合同录入业务场景

首先，了解并分析当前合同录入业务场景，如表 4-1 所示。

表 4-1　合同录入业务场景

步骤	业务操作
1	开始
2	合同管理员登录企业内部管理系统
3	进入合同管理模块
4	进入新增合同页面
5	逐条录入必填信息（约 20～30 项）
6	和数据源（合同、协议、PO 等）进行逐页、逐条的人工比对
7	保存表单，等待系统逻辑校验，提交表单
8	提交表单，进入复核环节
9	结束

然后，充分理解并分析当前合同录入的业务流程，如图 4-1 所示。

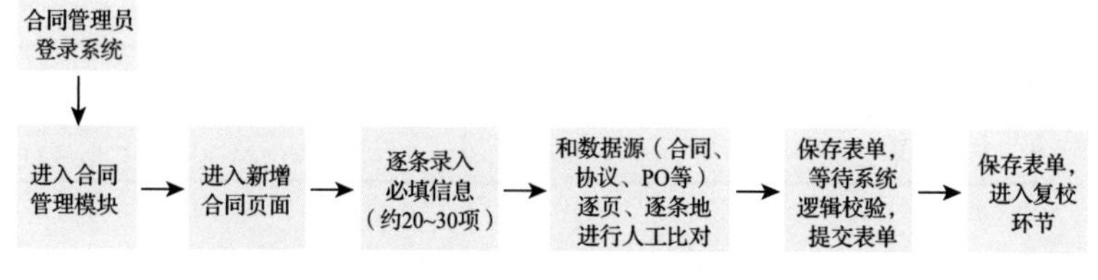

图 4-1　未使用 RPA 智能机器人的合同录入业务流程

2. 用 RPA 思维拆分业务场景

合同录入业务量大、录入项繁多、人工比对易出现遗漏和错误，这些业务特点符合 RPA 的实现原则。所以，RPA 智能机器人结合 OCR 技术可以代替人工完成合同录入工作。

根据实践结果，合同录入业务中 90% 的工作量可以由 RPA 智能机器人来完成。传统人工处理操作和 RPA 智能机器人处理操作的对比如表 4-2 所示。

表 4-2　传统人工处理操作和 RPA 智能机器人处理操作对比

步骤	人工处理操作	RPA 智能机器人处理操作
1	开始	开始
2	合同管理员登录系统	合同管理员发送任务邮件给 RPA 机器人
3	进入合同管理模块	机器人自动登录系统，进入合同管理新增页面
4	进入新增合同页面	调用 OCR 工具，读取关键字段，逐条录入
5	逐条录入必填信息（20～30 项）	验证正确性，保存并提交
6	和数据源（合同、协议、PO 等）进行逐页、逐条的人工比对	机器人完成任务，生成日志记录并邮件回复合同管理员
7	保存表单，等待系统逻辑校验，提交表单	结束
8	提交表单，进入复核环节	
9	结束	

合同录入 RPA 智能机器人业务流程如图 4-2 所示。

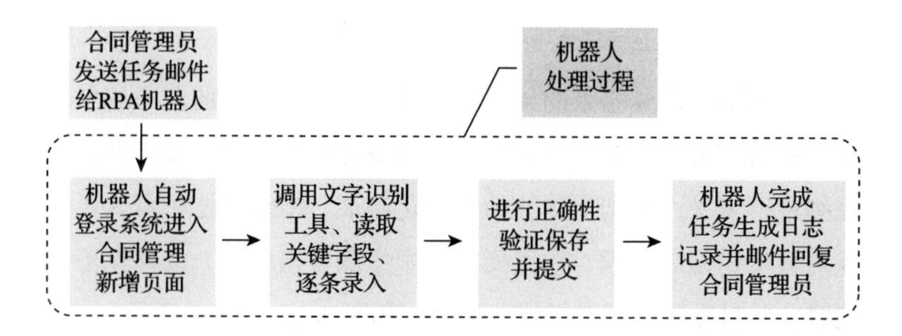

图 4-2　合同录入 RPA 智能机器人业务流程

3. 熟悉和识别所需 RPA 产品控件

进入 UiPath RPA 智能机器人软件工具，识别所需 RPA 产品控件，如图 4-3 所示。

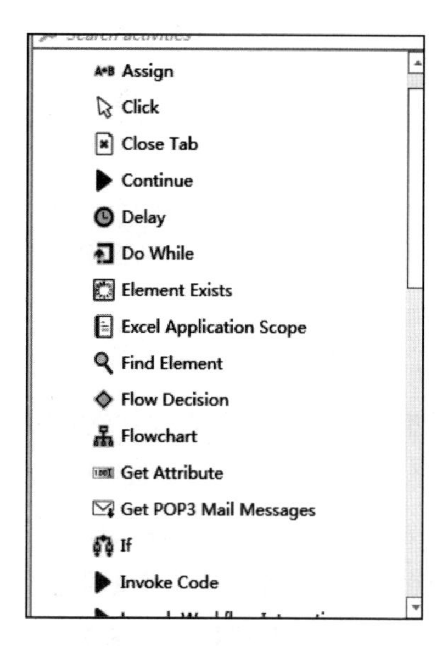

图 4-3　识别 UiPath RPA 中所需 RPA 产品控件

4. 在 RPA 工具中定义异常规则

合同录入业务场景的异常规则定义与前面所述的业务场景一样，也可以采用数据源异常处理、设备异常处理和环境异常处理规则进行定义。区别于传统的自动化测试，RPA 智能机器人更注重对异常错误的处理，在重要环节中添加容错机制，以确保不会崩溃，并对异常处理进行统一管理，如图 4-4 和图 4-5 所示。

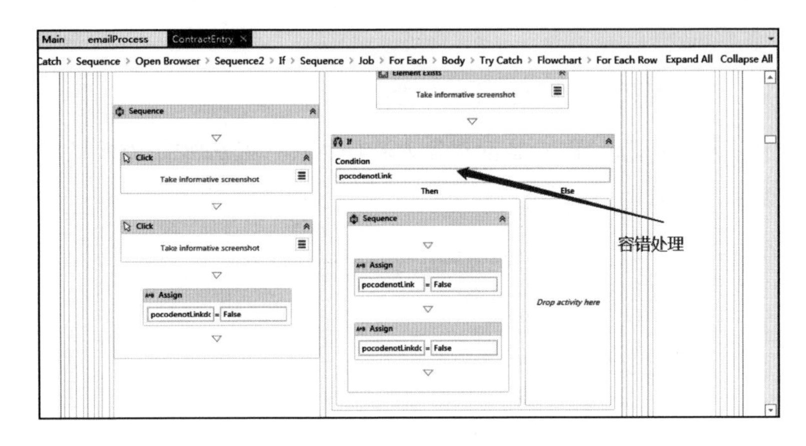

图 4-4　UiPath RPA 中的容错处理

5. 在 RPA 工具中定义交付规则

交付规则是指 RPA 智能机器人接收或完成任务后，在什么时间节点、为什么角色、交付什么内容的任务执行结果，以便任务请求人和相关人员对 RPA 智能机器人的工作结果进行核查和确认。在人机交互的各个节点预先定义交付规则，以确保流程执行完整、无断点，如操作员给机器人发送任务、机器人回复处理结果等交互过程。

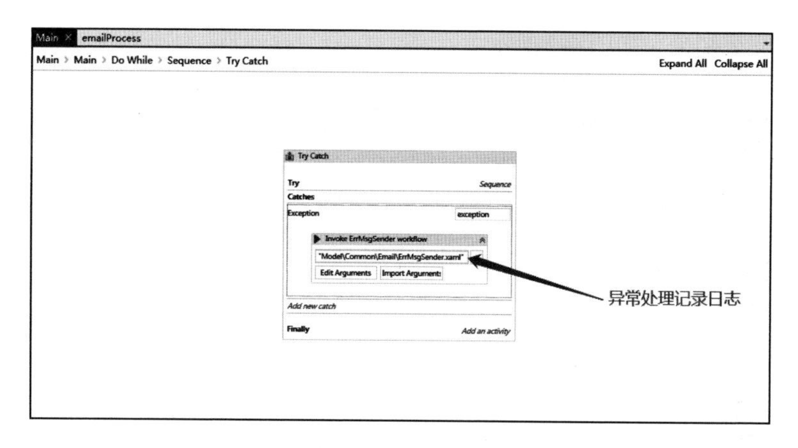

图 4-5　UiPath RPA 中的异常处理日志

以合同录入 RPA 智能机器人为例，交付规则定义如下。

1）合同管理员向 RPA 智能机器人发送任务指令，以“帮忙处理下 MAG 合同录入”为主题发送邮件给 RPA 机器人，如图 4-6 所示。

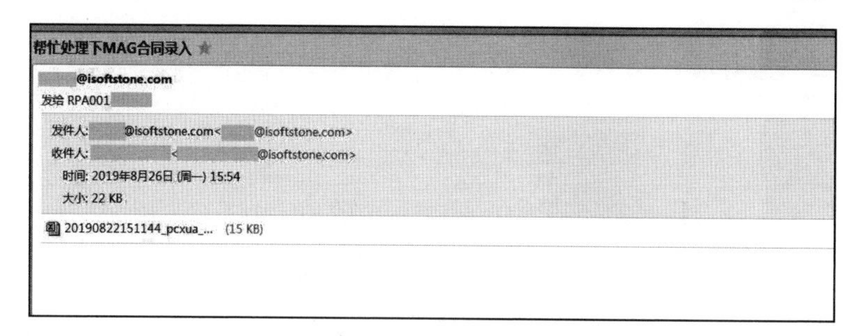

图 4-6　RPA 智能机器人任务接收告知通知

2）当 RPA 智能机器人完成任务后，以“帮忙处理下 MAG 合同录入处理结果”为主题，给请求人返回一个通知，告知任务完成结果，如图 4-7 所示。

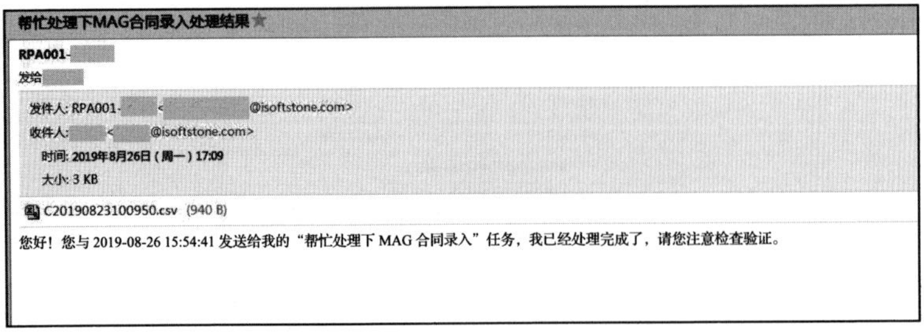

帮忙处理下MAG合同录入处理结果

RPA001-

发给

发件人: RPA001- < @isoftstone.com>

收件人: < @isoftstone.com>

时间: 2019年8月26日（周一）17:09

大小: 3 KB

C20190823100950.csv (940 B)

您好！您与 2019-08-26 15:54:41 发送给我的“帮忙处理下 MAG 合同录入”任务，我已经处理完成了，请您注意检查验证。

图 4-7　RPA 智能机器人完成任务告知通知

4.1.4　合同录入 RPA 机器人工作过程

采用 RPA 智能机器人来完成合同录入这个业务场景，需要在 UiPath RPA 智能机器人软件工具中完成如下 11 步配置和执行。

1）读取配置信息，打开浏览器进入登录界面，如图 4-8 所示。

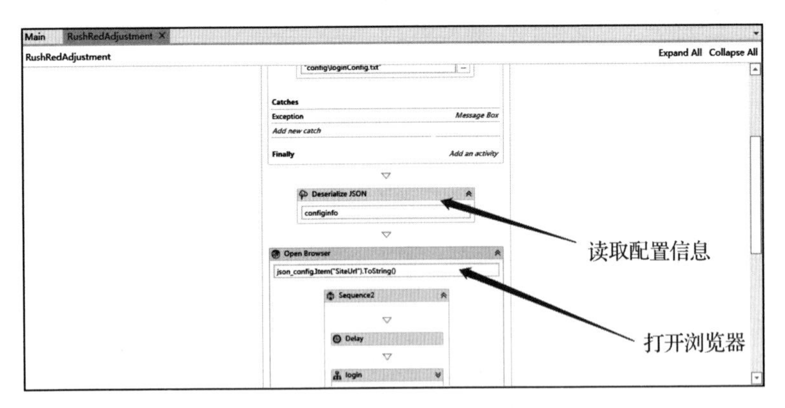

图 4-8　读取配置信息

2）设置自动登录信息和登录异常处理规则，如图 4-9 所示。

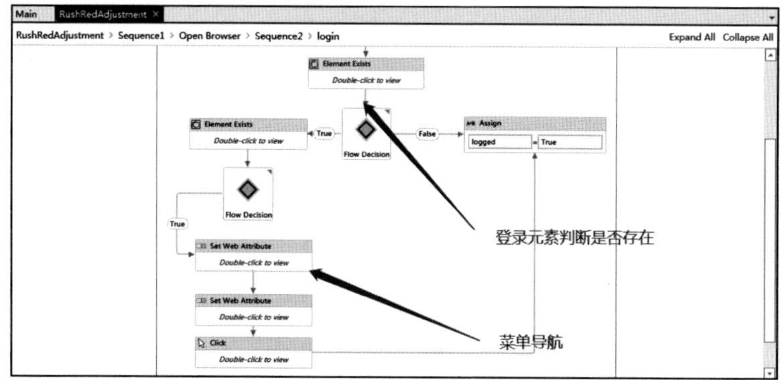

图 4-9　设置判断登录元素

3）设置自动导航到目标菜单，如图 4-10 所示。

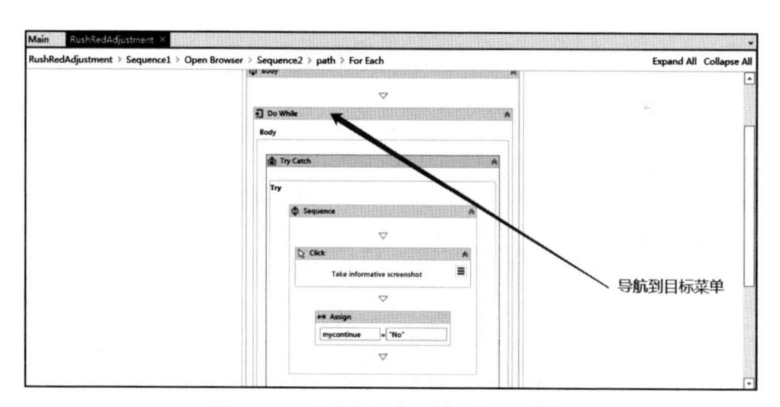

图 4-10　设置自动导航到目标菜单

4）创建一个资源配置任务，如图 4-11 所示。

5）读取数据来源，并检查数据来源的合理性，如图 4-12 所示。

6）逐条读取数据来源，如图 4-13 所示。

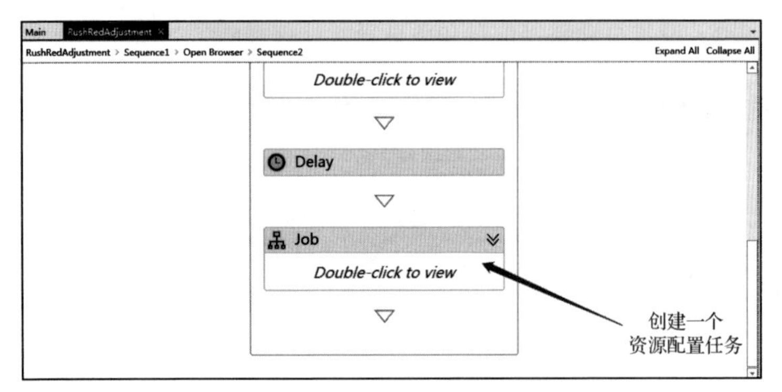

图 4-11　创建一个资源配置任务

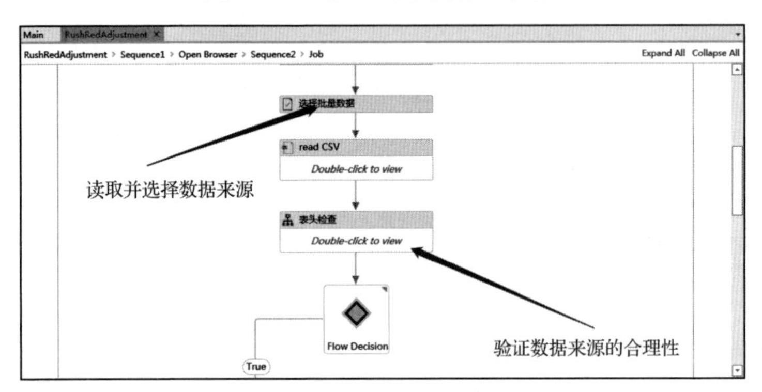

图 4-12　读取数据

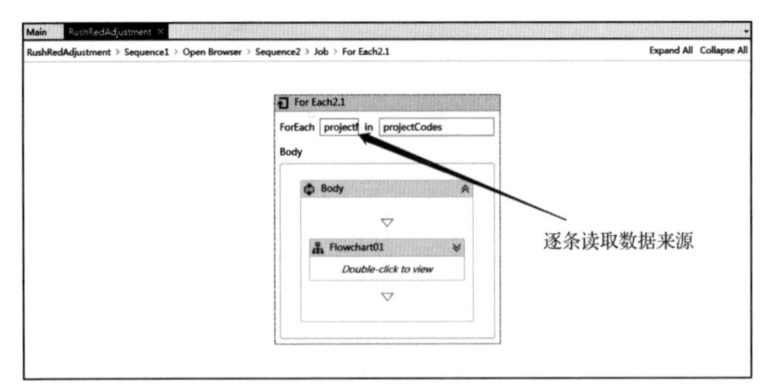

图 4-13　逐条读取来源数据

7）配置从系统读取元素、点击元素、数据录入，如图 4-14 所示。

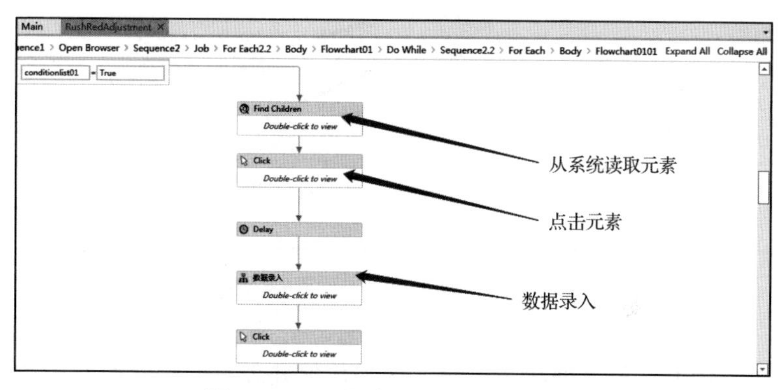

图 4-14　配置读取元素并录入数据

8）设置规则判断系统中数据列表是否存在，查询系统列表中符合条件的数据，如图 4-15 所示。

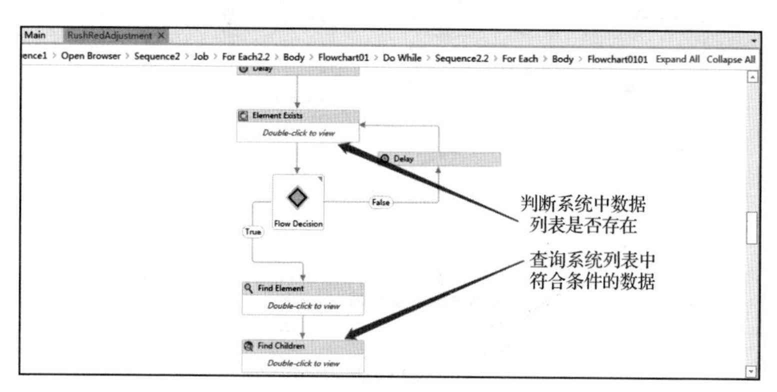

图 4-15　设置数据判断规则

9）设置系统中元素的属性、挂起流程等，待系统处理完数据后，执行后续动作，如图 4-16 所示。

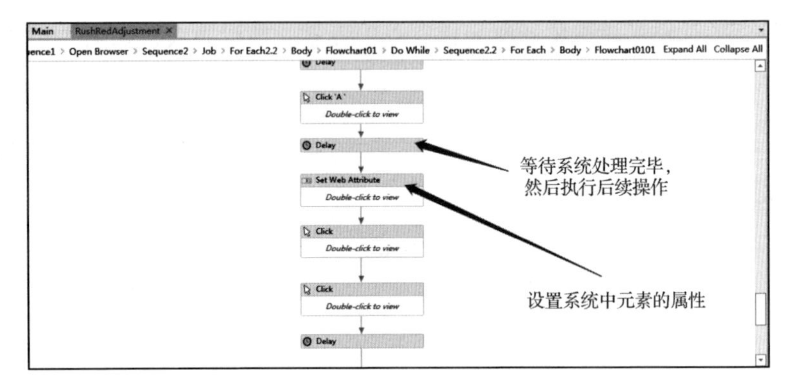

图 4-16　设置系统中元素的属性

10）设置数据状态记录，做到数据处理可追溯，如图 4-17 所示。

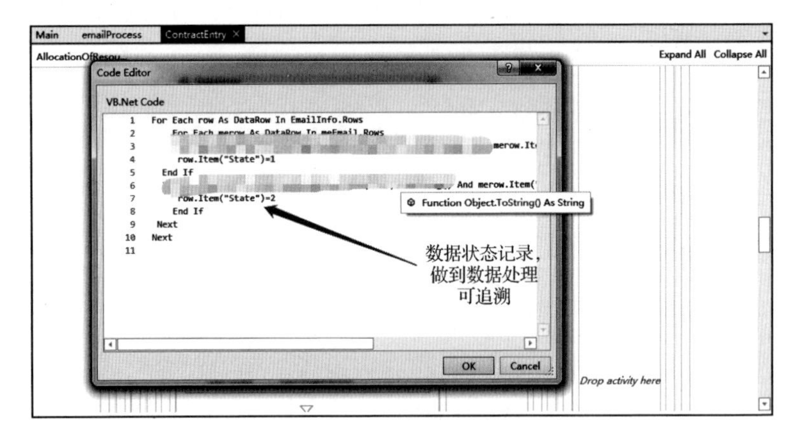

图 4-17　设置数据状态记录

11）设置邮件或短信发送通知，实现人机交互，如图 4-18 所示。

图 4-18　设置邮件或短信发送通知

4.1.5　合同录入 RPA 机器人开发建议

- 填写表单时有大量的关联性数据要填写，在关联性数据不存在的情况下，要确定有默认值。
- 处理好不同类型选项可能存在的不同录入方式，否则会查找不到元素，造成机器人运行异常。
- 在录入过程中发生异常时，应确保已经保存数据的回滚，或者补充未完成部分数据的录入工作。
- 所有处理的数据无论成功还是失败，都必须记录下来，确保数据可追溯。

4.1.6　RPA 智能机器人实施后的收益

从软通动力集团实践结果看，合同录入 RPA 智能机器人工作效率是人工工作效率的 4.5 倍，准确率提高到 100%，如图 4-19 所示。RPA 机器人 24 小时值守，在企业降本增效方面表现出了显著的效果。

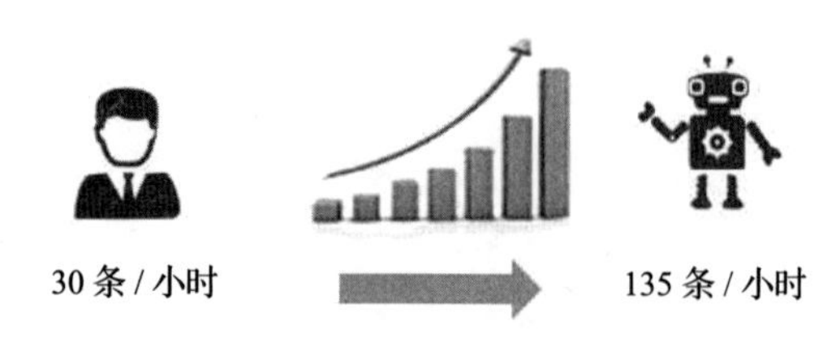

图 4-19 RPA 智能机器人实施后的收益

4.2 收入冲红调整 RPA 智能机器人

4.2.1 适用的业务场景

对于资源型服务企业来说，及时预估和确认项目收入是非常重要的一环。但实际业务场景中，项目实施过程中实际填写的工时，与最终客户确认的工时有偏差，因此需要及时地进行阶段性调整和确认，以确保企业收入与项目财务核算的准确性。

对于软通动力集团来说，由于公司的项目繁多，核算周期各不相同，企业需要投入大量的人力完成查询、校验、调整、复核等一系列工作，不仅数据量庞大，调整频繁，且无法避免人工调整带来的错误和疏漏。

收入冲红调整 RPA 智能机器人可以很好地解决上述业务场景的痛点，帮助企业实现收入确认及冲红调整的全自动化，保证收入确认的及时性与项目核算的准确性。

4.2.2　解决的业务痛点

- 人工调整需要反复查询项目信息，系统等待时间长，效率较低。
- 手工逐条录入大量信息并进行校对，错误率高。
- 必填项繁多，存在数据填写完提交时系统已经超时，需要重新登录并再次录入数据的情况。

4.2.3　收入冲红调整 RPA 智能机器人的开发过程

1. 理解和分析收入冲红调整业务场景

首先，了解当前收入冲红调整业务场景，如表 4-3 所示。

表 4-3　当前收入冲红调整业务场景

步骤	业务操作
1	开始
2	操作人员登录系统
3	进入冲红调整业务界面
4	查询待调整项目
5	进入项目详情页面
6	对项目中员工的收入、日期等项进行调整
7	保存，验证系统逻辑
8	提交单据，进入数据复核过程
9	结束

然后，充分理解并分析当前收入冲红调整业务流程，如

图 4-20 所示。

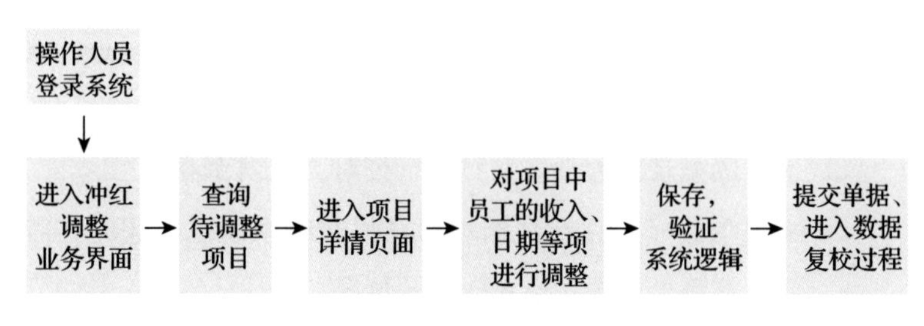

图 4-20 未使用 RPA 智能机器人的收入冲红调整业务流程

2. 用 RPA 思维拆分业务场景

收入冲红调整业务需要人工调整、反复查询项目信息、逐条调整并核对大量信息，效率低下，错误率高，这些业务特点符合 RPA 的实现原则。

根据实践结果，收入冲红调整业务 90% 的手工工作可由 RPA 机器人完成。传统人工处理操作和 RPA 智能机器人处理操作对比，如表 4-4 所示。

表 4-4 传统人工处理操作和 RPA 智能机器人处理操作对比

步骤	人工处理操作	RPA 智能机器人处理操作
1	开始	开始
2	操作人员登录系统	操作人员发送任务邮件给 RPA 机器人
3	进入冲红调整业务界面	机器人自动登录系统
4	查询待调整项目	进入冲红调整页面，逐条项目、逐个员工进行调整
5	进入项目详情页面	保存，验证系统逻辑

（续）

步骤	人工处理操作	RPA 智能机器人处理操作
6	对项目中员工的收入、日期等项进行调整	提交单据
7	保存，验证系统逻辑	生成工作日志并发送邮件给操作人员
8	提交单据，进入数据复核过程	结束
9	结束	

收入冲红调整 RPA 智能机器人业务流程如图 4-21 所示。

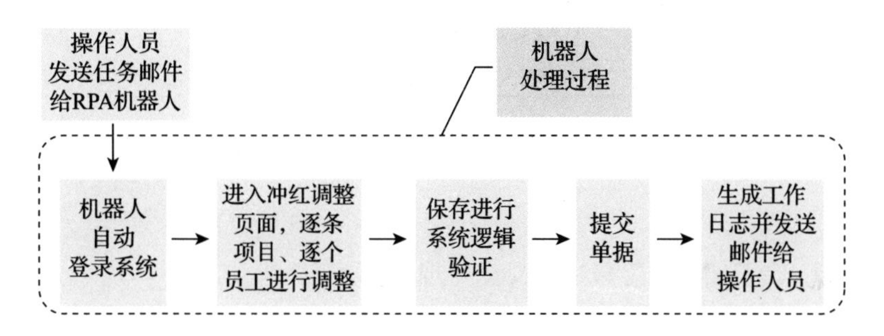

图 4-21　收入冲红调整 RPA 智能机器人业务流程

3. 熟悉和识别所需 RPA 产品控件

进入 UiPath RPA 智能机器人软件工具，熟悉和识别所需 RPA 产品控件，如图 4-22 所示。

4. 在 RPA 工具中定义异常规则

收入冲红调整业务场景的异常规则定义与前面所述业务场景一样，同样可采用数据源异常处理规则、设备异常处理规则、环境异常处理规则 3 个典型的异常规则进行定义。

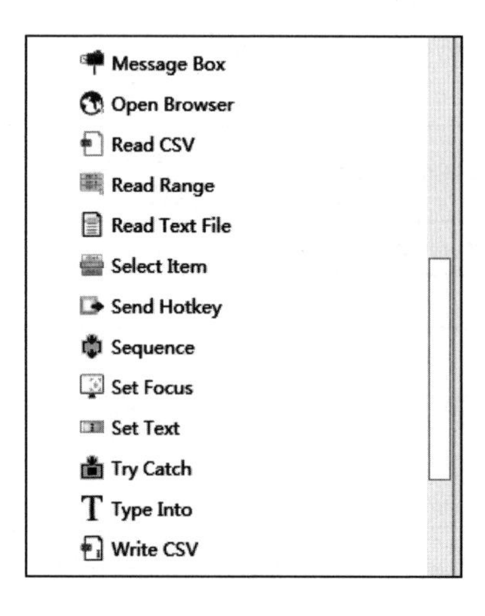

图 4-22　识别 UiPath RPA 中所需 RPA 产品控件

5. 在 RPA 工具中定义交付规则

收入冲红调整 RPA 智能机器人的交付规则也同样适用前面业务场景中讲述的交付规则定义，即：RPA 智能机器人接收或完成任务后，在什么时间节点、为什么角色、交付什么内容的任务执行结果，以便任务请求人和相关人员对 RPA 智能机器人的工作结果进行核查和确认。

以收入冲红调整 RPA 智能机器人为例，交付规则定义如下。

1）财务人员以标准格式（预先定义收件人、标题、附件格式等）发送任务邮件给 RPA 智能机器人，如图 4-23 所示。

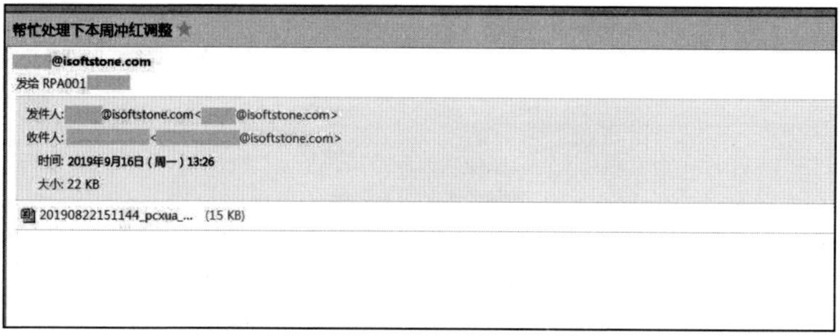

帮忙处理下本周冲红调整

@isoftstone.com
发给 RPA001

发件人: @isoftstone.com< @isoftstone.com>
收件人: < @isoftstone.com>
时间: 2019年9月16日 (周一) 13:26
大小: 22 KB

20190822151144_pcxua_... (15 KB)

图 4-23　RPA 智能机器人任务接收告知通知

2）设置规则判断登录元素是否存在及登录异常处理，如图 4-24 所示。

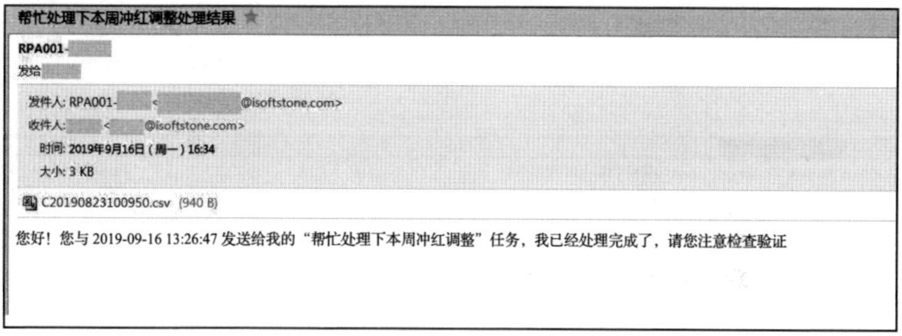

帮忙处理下本周冲红调整处理结果

RPA001-
发给

发件人: RPA001- < @isoftstone.com>
收件人: < @isoftstone.com>
时间: 2019年9月16日 (周一) 16:34
大小: 3 KB

C20190823100950.csv (940 B)

您好！您与 2019-09-16 13:26:47 发送给我的"帮忙处理下本周冲红调整"任务，我已经处理完成了，请您注意检查验证

图 4-24　RPA 智能机器人完成任务告知通知

4.2.4　收入冲红调整 RPA 机器人工作过程

采用 RPA 智能机器人来完成收入冲红调整这项业务场景，需要在 UiPath RPA 智能机器人软件工具中完成如下 11 步配置和执行。

1）读取配置信息，打开浏览器进入登录界面，如图 4-25 所示。

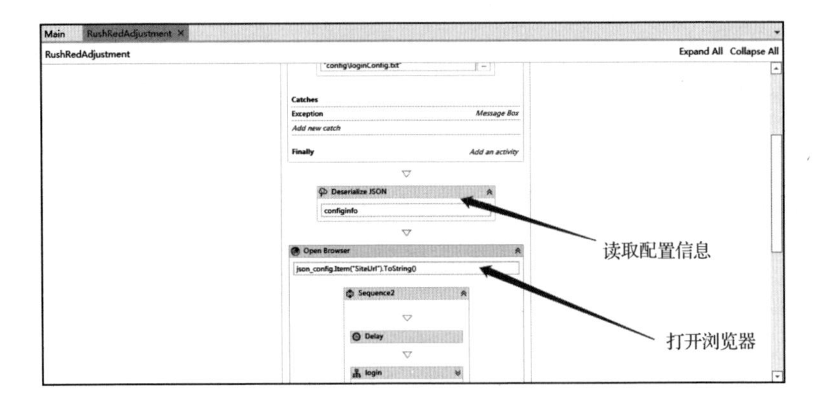

图 4-25　读取配置信息

2）设置规则判断登录元素是否存在及登录异常处理，如图 4-26 所示。

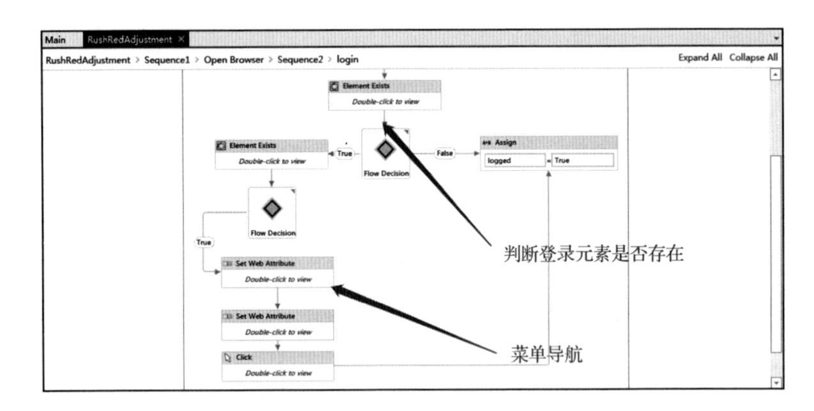

图 4-26　判断登录元素

3）设置自动导航到目标菜单，如图 4-27 所示。

4）创建一个资源配置任务，如图 4-28 所示。

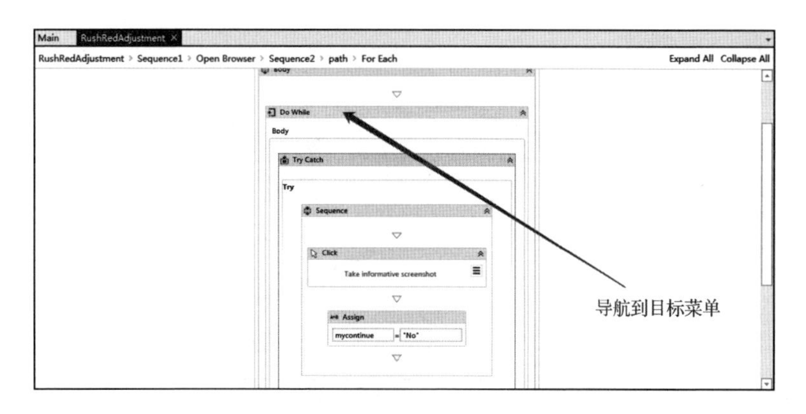

图 4-27　设置自动导航到目标菜单

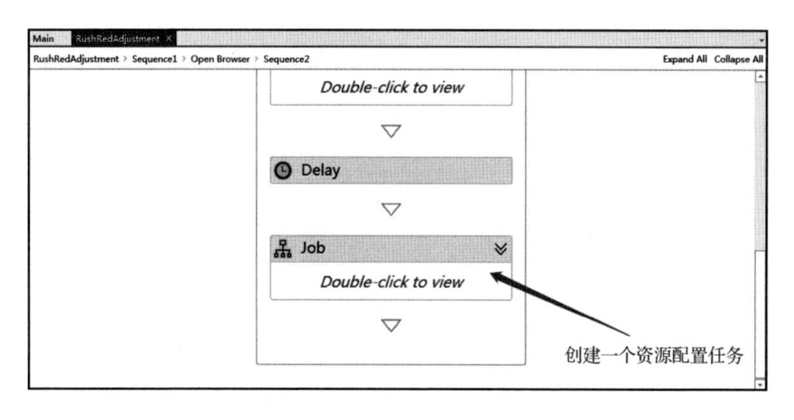

图 4-28　创建一个资源配置任务

5）读取数据来源，并检查数据来源的合理性，如图 4-29 所示。

6）配置逐条读取数据来源，如图 4-30 所示。

7）配置从系统中读取元素、点击元素、数据录入，如图 4-31 所示。

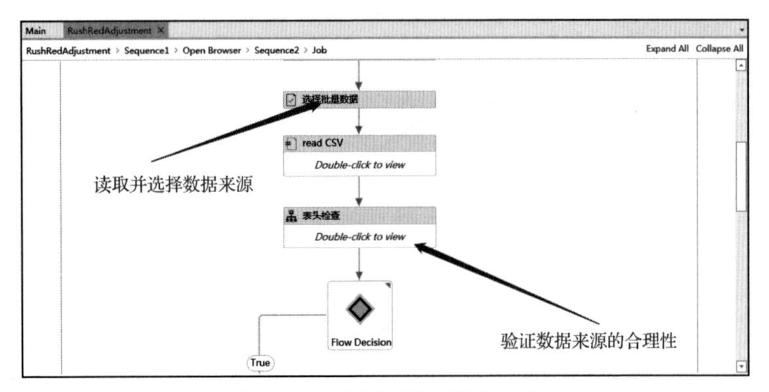

图 4-29 读取和验证数据来源

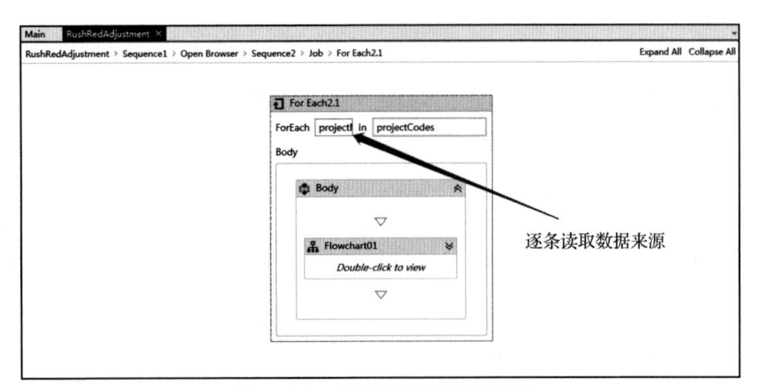

图 4-30 配置读取数据来源

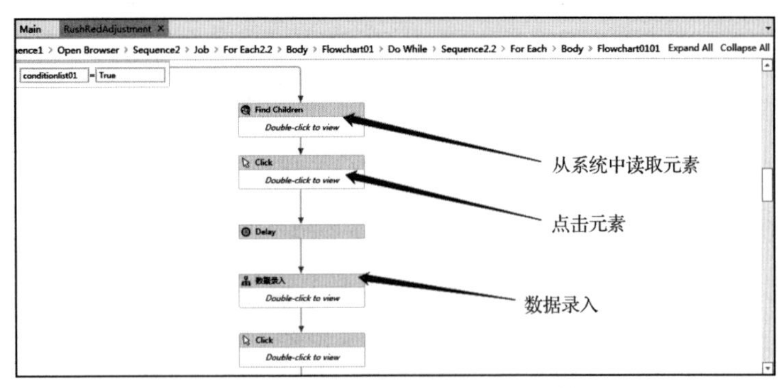

图 4-31 配置读取元素并录入数据

8）设置规则判断系统中数据列表是否存在，查询系统列表中符合条件的数据，如图 4-32 所示。

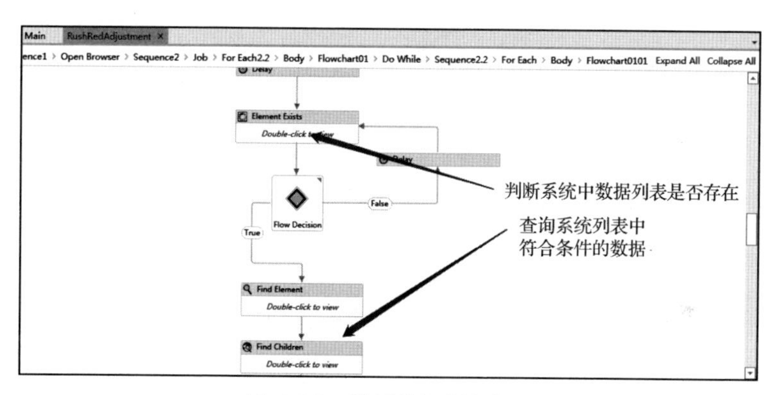

图 4-32 设置数据判断规则

9）设置系统中元素的属性，挂起流程等待系统处理完数据后，执行后续动作，如图 4-33 所示。

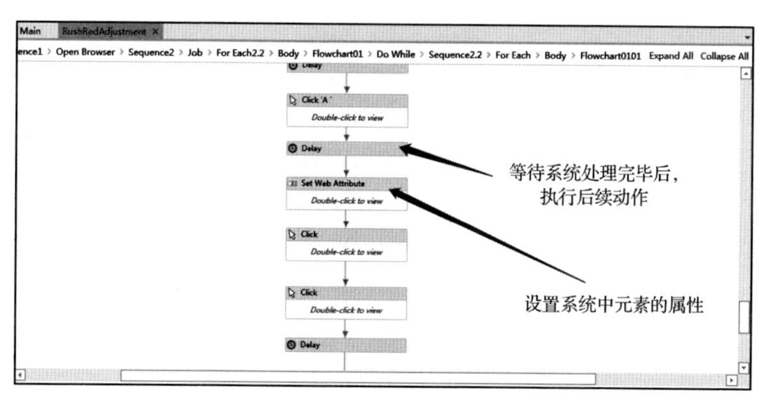

图 4-33 设置系统中元素的属性

10）设置处理冲红调整中年月的规则，并判断数据是否符合规则，如图 4-34 所示。

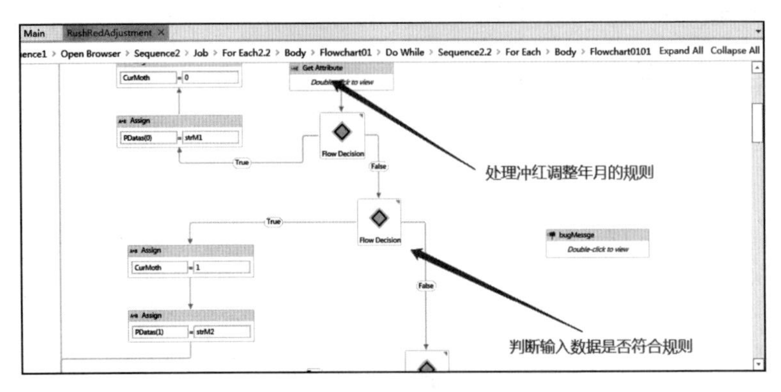

图 4-34　设置处理和判断规则

11）设置冲红单中人员子表数据处理规则，如图 4-35 所示。

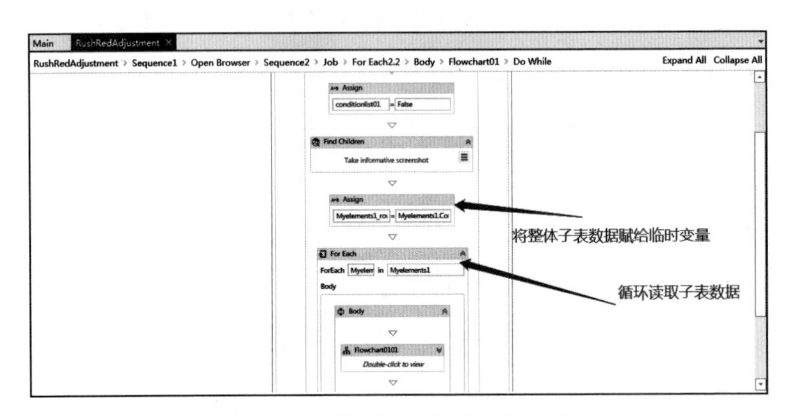

图 4-35　设置子表数据处理规则

4.2.5　收入冲红调整 RPA 机器人开发建议

- 由于该场景的项目详情中子表数据较多，当某个子表数据出现问题时，建议及时跳过。

- 项目查询系统延时较长，建议增加数据元素是否存在的判断。
- 建议将对项目的循环处理和项目内部子表的循环处理独立出来。

4.2.6　使用 RPA 智能机器人的收益

实践证明，收入冲红调整 RPA 智能机器人工作效率约是人工工作效率的 4.3 倍，准确率提高到 100%，如图 4-36 所示。RPA 智能机器人 24 小时值守，使财务工作人员从重复性和机械性的工作中解放出来，投入到更高附加值的工作中。

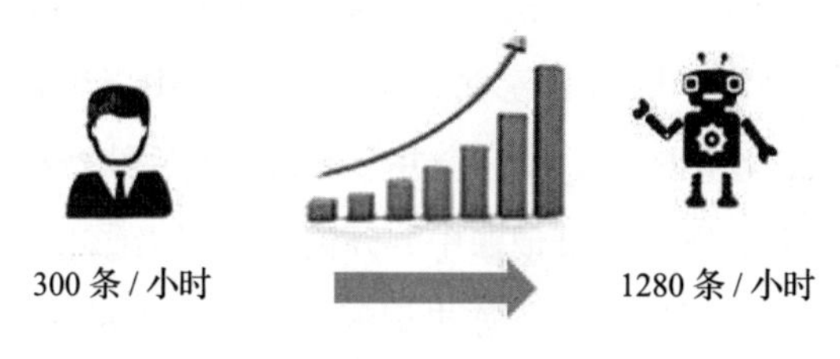

图 4-36　使用 RPA 智能机器人的收益

4.3　银企对账 RPA 智能机器人

4.3.1　适用的业务场景

银企对账，即银行和企业对当期发生的业务进行核对，调平双方账户，是商业银行和企业双方进行内控的一项经常性工作，作用是防范金融风险。

企业的结算业务大部分要通过银行进行结转，但由于企业与银行的账务处理和入账时间不一致，往往会发生双方账面不一致的情况，即所谓的“未达账项”。为了能够准确掌握银行存款的实际余额，了解实际可以动用资金数额，防止记账发生差错，企业必须定期核对银行存款日记账与银行出具的对账单，并编制银行存款余额调节表。

根据企业财务系统的不同，整个银企对账的过程略有差异，但基本的操作过程大致相同：首先企业要登录网银系统，然后在网银系统上下载 Excel 版本的银行往来明细，随后手工将银行往来明细转化成财务日记账，最后登录 SAP ERP 系统，逐一下载 SAP ERP 系统中每个账户的 Excel 版本账务往来。核对日记账和每笔账务往来时，因很多款项 SAP ERP 系统中以项目为管理维度拆分记账，日记账中款项为合并金额；小额手续费在 SAP ERP 系统中为合并记账，在日记账中分开记录等因素影响，对账的难度加大，对账的时间增加。如果记账时产生微小错误，比如差 1 分钱，因往来业务繁多，对账时难以寻找，记账人员往往要为这 1 分钱进行长时间核对，增加了不必要的工作量，也使得核对人员的工作心情变差，不利于完成其他工作。

企业认真核对银行对账单能够防范操作风险、管理风险以及外部风险，是企业保证资金安全的重要手段之一。随着企业规模的不断壮大，账单数据量与日俱增，单靠人工对账的方式已无法完全满足企业对财务管理效率的要求。银企对账 RPA 智能机器人的出现实现了财务对账过程的全自动化，避免了上述不利因素对银企对账过程和对账结果的负面影响，使对账效率和数据准确性得到了极大的提升。

4.3.2　解决的业务痛点

- 企业银行账户众多，且多数未实现银企对账直联。
- 频繁跨系统操作，系统等待时间长，效率低。
- 人工对账，出错率高。
- 细微的对账结果差异造成投入大量人工反复核对，效率低下、人工资源消耗严重，进而影响其他财务工作结果与时效性要求。
- 财务管理存在疏漏风险。

4.3.3　银企对账 RPA 智能机器人开发过程

1. 理解和分析银企对账业务场景

首先，了解当前银企对账业务场景，如表 4-5 所示。

表 4-5　当前银企对账业务场景

步骤	业务操作
1	开始
2	财务人员登录银行 A 的网银系统
3	下载指定日期银行对账单

（续）

步骤	业务操作
4	整理转换成统一格式日记账（Excel）
5	登录 SAP 系统
6	逐一下载 SAP 系统中每个账户的往来（Excel）
7	人工逐笔核对
8	重复上述步骤，逐一完成多家银行系统对账
…	结束

然后，充分理解并分析当前银企对账业务流程，如图 4-37 所示。

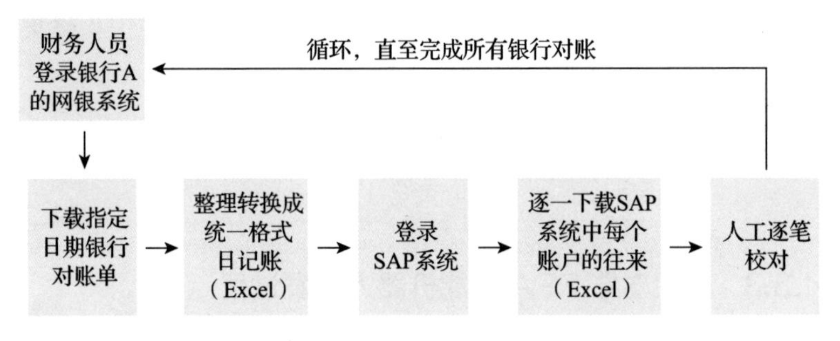

图 4-37　未使用 RPA 智能机器人的银企对账业务流程

2. 用 RPA 思维拆分业务场景

在银企对账业务中，企业资金往来频繁，需要及时查询账务余额，匹配往来账款。人工对账效率低下、准确率低。经测算，银企对账业务中 90% 的手工工作量可由 RPA 智能机器人完成。在银企对账业务中，传统人工处理操作和 RPA 智能机器人处理操作对比，如表 4-6 所示。

表 4-6　传统人工处理操作和 RPA 智能机器人处理操作对比

步骤	人工处理操作	RPA 智能机器人处理操作
1	开始	开始
2	财务人员登录银行 A 的网银系统	机器人自动登录银行 A 的网银系统，下载指定日期银行对账单，转换成统一格式日记账（Excel）
3	下载指定日期银行对账单	机器人登录 SAP 系统，指定账户，导入日记账，执行对账，并编制余额调节表
4	整理转换成统一格式日记账（Excel）	机器人自动登录银行 B 的网银系统，重复第 2～3 步的操作，直至所有账户对账完成
5	登录 SAP 系统	机器人自动生成对账报告以及汇总的余额调节表
6	逐一下载 SAP 系统中每个账户往来（Excel）	机器人通过邮件发送报告给指定人员
7	人工逐笔核对	结束
8	重复上述步骤，逐一完成多家银行系统对账	
……	结束	

银企对账 RPA 智能机器人业务流程如图 4-38 所示。

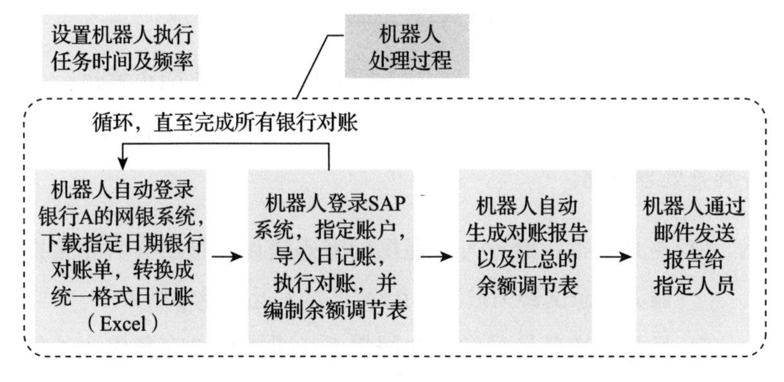

图 4-38　银企对账 RPA 智能机器人业务流程

3. 熟悉和识别所需 RPA 产品控件

进入 UiPath RPA 智能机器人软件工具，识别所需 RPA 产品控件，如图 4-39 所示。

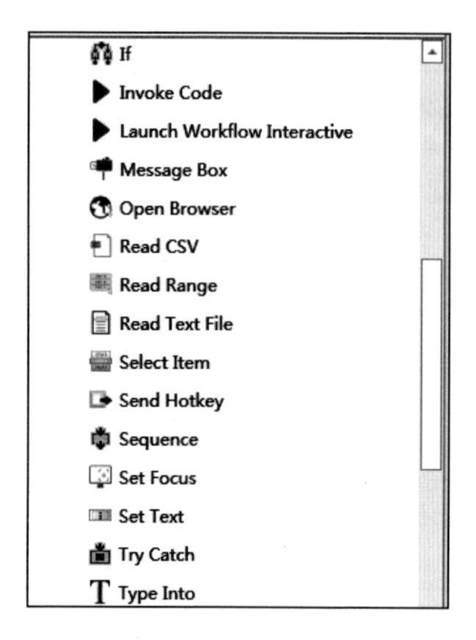

图 4-39　识别 UiPath RPA 中所需 RPA 产品控件

4. 在 RPA 工具中定义异常规则

异常规则用于定义处理 RPA 智能机器人在不能正常运行时应该采取的处理方式。根据银企对账的业务场景特点，预先定义好异常处理规则。

- 登录异常：财务人员提供的密码错误或过期失效导致机器人登录网银失败时，RPA 机器人返回异常结果。
- 目标系统环境异常：在网银系统维护中，有预想之外的程序启动或信息框弹出阻碍机器人执行任务时，RPA 机器人返回异常结果。

- 机器人工作环境异常：当断网、断电、自然灾害等情况发生时，RPA 机器人保存已处理数据并返回异常结果。

5. 在 RPA 工具中定义交付规则

银企对账 RPA 机器人的交付规则和收入冲红调整交付规则类似，可参考前文内容。

4.3.4　银企对账 RPA 机器人工作过程

采用 RPA 智能机器人来完成银企对账这个业务场景，需要在 UiPath RPA 智能机器人软件工具中完成如下 9 个步骤的配置和执行。

1）设置自动登录银行系统，如图 4-40 所示。

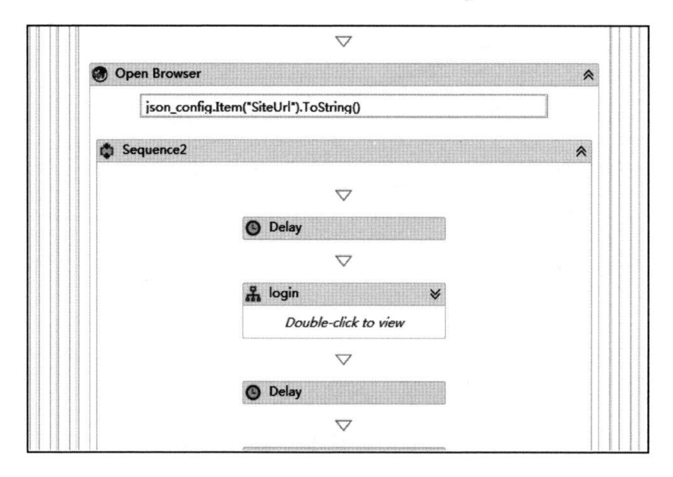

图 4-40　设置自动登录银行系统

2）下载附件并读取附件内容，如图 4-41 所示。

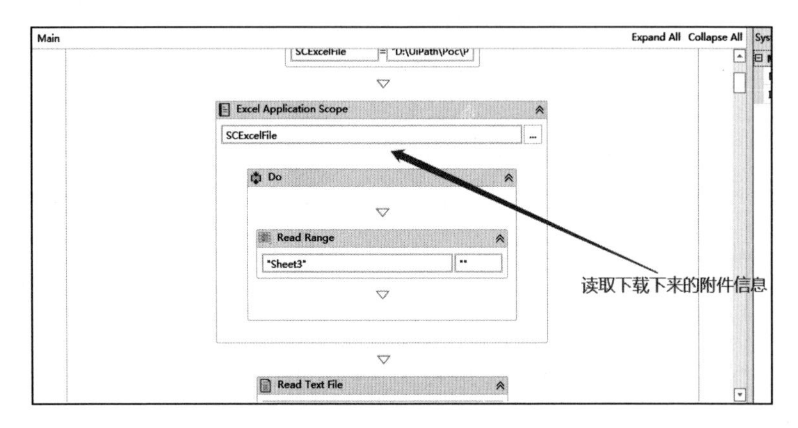

图 4-41　下载并读取附件

3）整理 Excel 中数据格式，如图 4-42 所示。

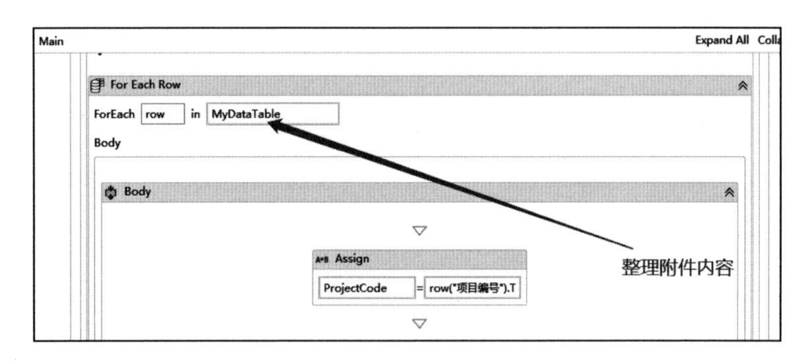

图 4-42　整理 Excel 中数据格式

4）登录财务核算系统，如图 4-43 所示。

5）配置指定账户，导入对账单，如图 4-44 所示。

6）编制余额调节表，如图 4-45 所示。

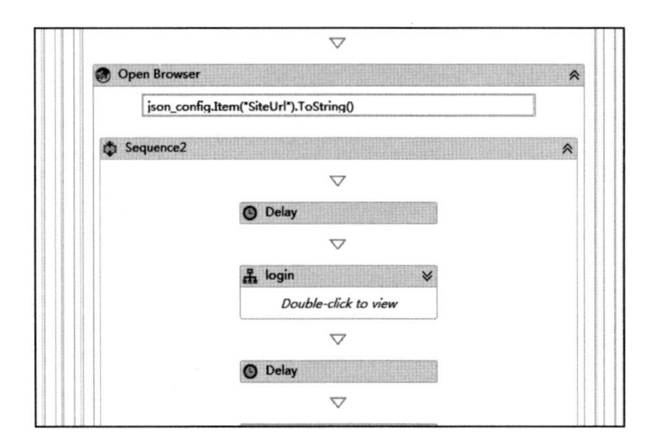

图 4-43　登录财务核算系统

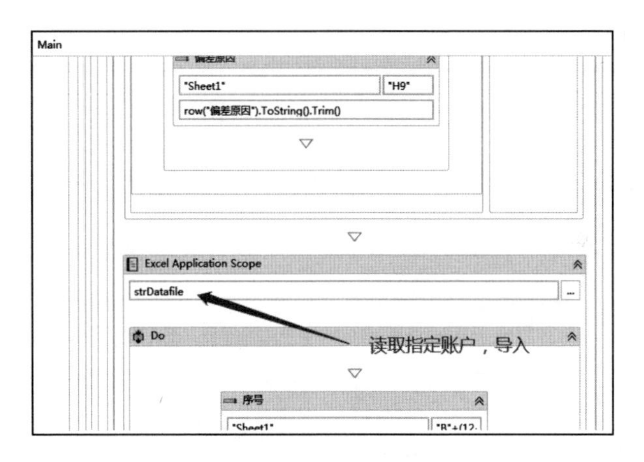

图 4-44　配置对账单

7）登录 B 银行系统，如图 4-46 所示。

8）设置规则判断数据规范性，如图 4-47 所示。

9）设置异常处理规则，并将处理过程写入日志，如图 4-48 所示。

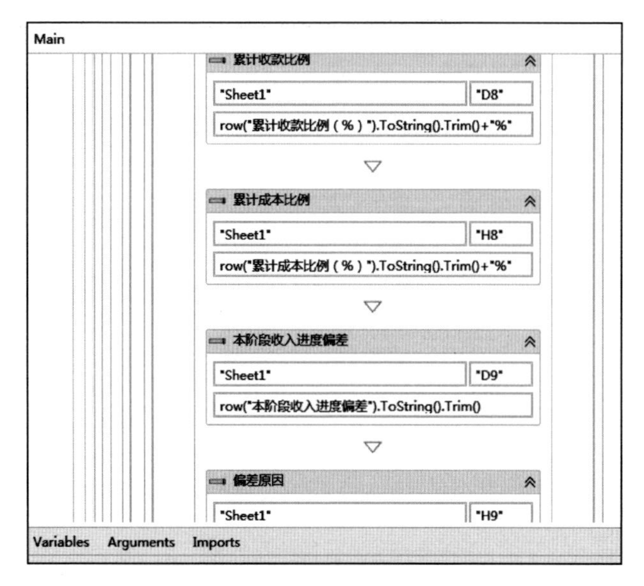

图 4-45　编制余额调节表

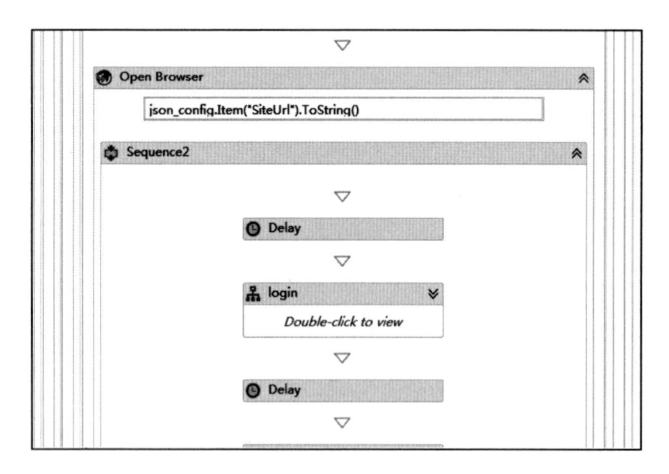

图 4-46　登录 B 银行系统

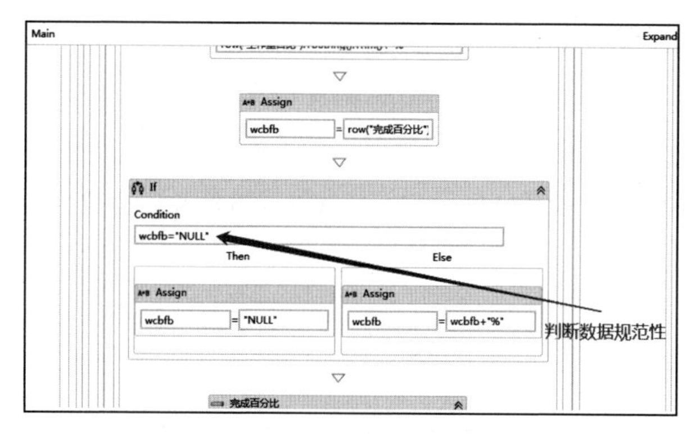

图 4-47　设置规则判断数据规范性

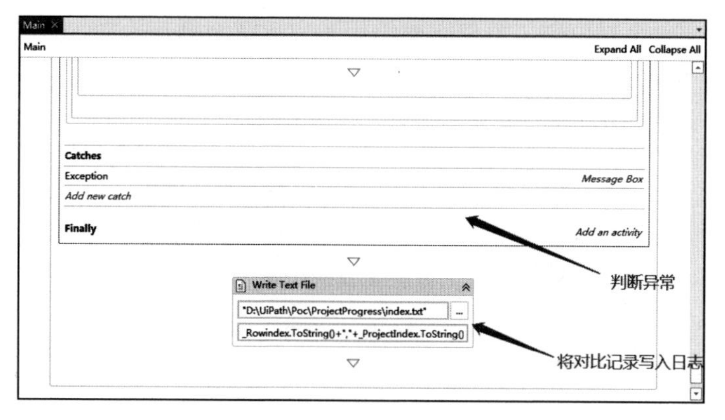

图 4-48　设置异常处理规则

4.3.5　银企对账 RPA 机器人开发建议

- 银企对账业务在开发中要确保数据的准确性，建议在每个环节增加数据的验证处理。
- 当系统显示提交中，由于网络或其他原因中断机器人流程执行时，建议对未完成数据进行回滚，确保数据的完整性，不能产生脏数据。

- 对账过程中，每条数据都要记录。无论数据处理成功与否，都需要把原始数据保存下来，作为数据存在争议时的参考依据，也可以作为数据异常修复的有效支撑。

4.3.6 RPA 智能机器人实施后的收益

实践证明，银企对账 RPA 智能机器人工作效率约是原来人工工作效率的 6.7 倍，准确率提高到 100%，如图 4-49 所示。RPA 机器人 24 小时值守，不仅有效缩短了企业资金循环周期，也显著降低了财务管理上的人工错误风险。

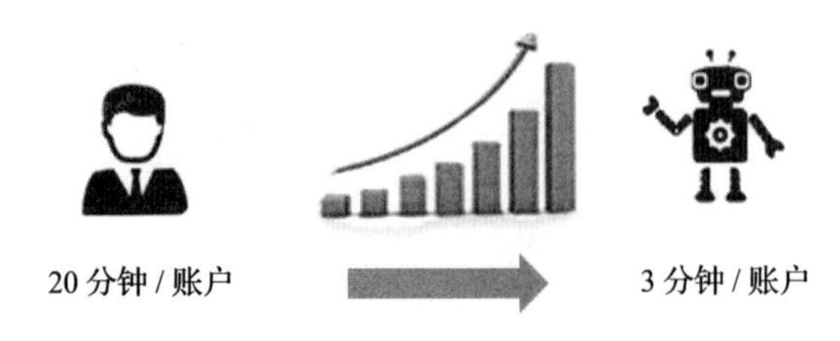

图 4-49 使用 RPA 智能机器人的收益

4.4 批量开票 RPA 智能机器人

4.4.1 适用的业务场景

发票在生活中具有极其重要的意义和作用，特别是增值税专用发票的开具。以票控税，是我国税收重要征管方法之一。一直以来，发票的相关规定都很严格，如：普票开具需要填写购方税号，发票内容需要如实开具商品明细，发票品名需对应正确的商品编码（税收分类编码）等。这些都对企业财务人员的开票工作提出了更高的要求，也使得手工开具发票的整个过程耗时更长、效率更低，且更加难以保证数据的准确性与一致性。

手工开票错误将导致发票退票重开，一方面会增加财务人员的工作量，另一方面会拉长企业交易回款的时间（一般是收票后再付款），还会给企业带来一定的税务核查风险。

批量开票 RPA 智能机器人将减少开票业务中手工处理的很多环节，帮助企业实现高效开票的全自动化。

4.4.2 解决的业务痛点

- 票据格式多样，内部申请单据数量繁多，人工整理汇总耗时耗力；人工操作开票，效率低下，出错率高。
- 开票原因不同，申请单据要求不同，因此需要花费大量时间整理申请单数据，并将其转换成标准台账格式。
- 人工逐笔操作，不仅效率低，而且无法保证 100% 的准确。

4.4.3 批量开票 RPA 智能机器人的开发过程

1. 理解和分析批量开票业务场景

首先，了解当前批量开票业务场景，如表 4-7 所示。

表 4-7　批量开票业务场景

步骤	业务操作
1	开始
2	税务人员每天从集团众多业务部门提交的客户开票申请中，获得发票申请单数据（根据开票原因不同，申请单还包括关联企业之间开票）
3	根据标准格式要求，人工整理汇总到 Excel 模板中
4	参考模板逐笔开具发票，个别地区支持将 Excel 表导入开票管理系统生成发票
5	逐条打印发票及对应开票申请单
6	将发票号码等信息登记到集团内部系统，形成发票台账
7	人工逐条发送邮件告知申请人领取或已邮寄信息
8	结束

然后，充分理解并分析当前批量开票业务流程，如图 4-50 所示。

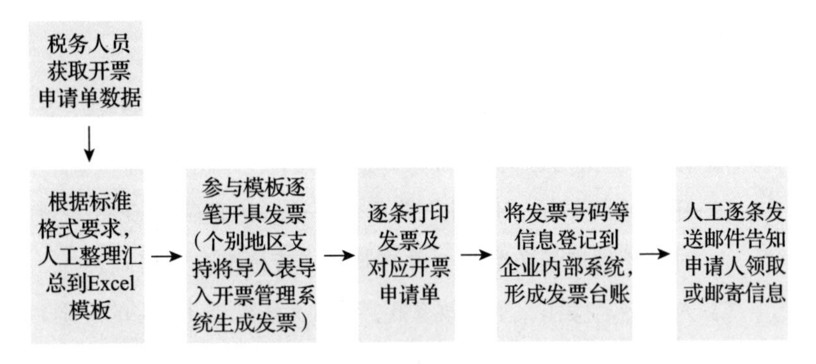

图 4-50　未使用 RPA 智能机器人的批量开票业务流程

2. 用 RPA 思维拆分业务场景

批量开票业务规则固定，企业开票量巨大，发票清单明细繁多，人工操作效率低，错误率高，这些业务特点符合 RPA 的实现原则。所以，RPA 智能机器人可以完成批量开票的业务要求，进而提高效率，避免人为错误，降低成本。

根据实践结果，批量发票业务过程中 90% 的手工工作可以由 RPA 智能机器人协助完成。

传统的人工处理操作和 RPA 智能机器人处理操作对比，如表 4-8 所示。

表 4-8　传统的人工处理和 RPA 智能机器人处理操作对比

步骤	传统人工处理操作	RPA 智能机器人处理操作
1	开始	开始
2	税务人员每天从集团众多业务部门提交的客户开票申请中，获得申请单数据（根据开票原因不同，申请单还包括关联企业之间开票）	税务人员收到开票任务后，发送任务邮件给 RPA 机器人（预先定义指令及附件格式）
3	根据标准格式要求，人工整理汇总到 Excel 模板中	机器人按附件内容，自动进入税控系统逐条或批量开具发票，实现人机互动，发票开具后形成操作日志
4	参考模板逐笔开具发票（个别地区支持将导入表引入开票管理系统生成发票）	机器人自动解析关联企业间发票申请数据，转换成标准格式后导入集团内部管理系统，提交开票申请并形成操作日志
5	逐条打印发票及对应开票申请单	机器人完成开票任务，提取税控系统开票清单，并匹配集团内部系统申请单信息
6	将发票号码等信息登记到集团内部系统，形成发票台账	机器人自动完成内部审批流程，并将发票信息登记到集团内部系统，发送台账给税务人员
7	人工逐条发送邮件告知申请人领取或已邮寄信息	机器人批量打印开票申请单，并自动给申请人发送邮件告知相关信息
8	结束	结束

批量开票 RPA 智能机器人业务流程如图 4-51 所示。

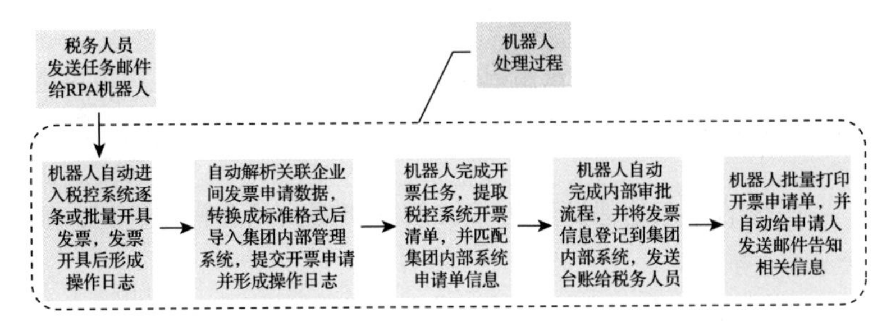

图 4-51　批量开票 RPA 智能机器人业务流程

3. 熟悉和识别所需 RPA 产品控件

进入 UiPath RPA 智能机器人软件工具，识别所需 RPA 产品控件，如图 4-52 所示。

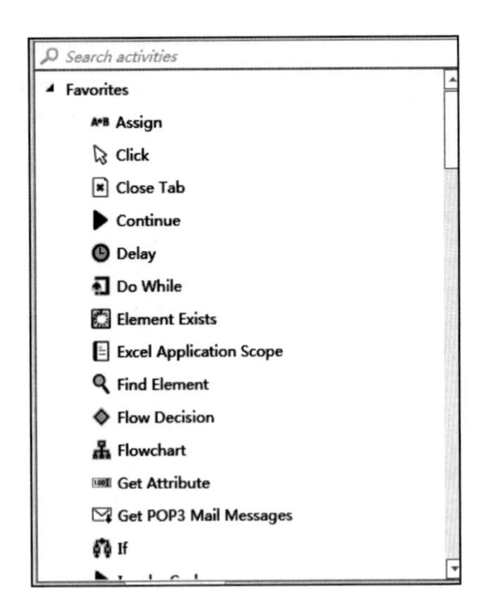

图 4-52　识别 UiPath RPA 中所需 RPA 产品控件

4. 在 RPA 工具中定义异常规则

异常规则用于定义处理 RPA 智能机器人在不能正常运行时，应该采取的处理方式，主要有数据源异常处理规则、设备异常处理规则和环境异常处理规则 3 种。在批量开票 RPA 智能机器人业务场景中，这些规则依然适用。

- 数据源异常处理规则：税务人员发送给机器人任务邮件中有附件错误、格式错误时，RPA 机器人返回异常结果。
- 软件异常处理规则：转换成标准格式导入 Excel 表，而 Excel 意外退出导致机器人执行任务受阻时，RPA 机器人保存已处理数据并返回异常结果。
- 机器人工作环境异常处理规则：当断网、断电、自然灾害等情况发生时，RPA 机器人保存已处理数据并返回异常结果。

5. 在 RPA 工具中定义交付规则

交付规则是指 RPA 智能机器人接收或完成任务后，在什么时间节点、为什么角色、交付什么内容的任务执行结果，以便任务请求人和相关人员对工作结果进行核查和确认。批量开票 RPA 机器人在人机交互的各个节点同样预先定义交付规则，以确保流程执行完整、无断点。

批量开票 RPA 智能机器人的交付规则定义如下。

1）税务人员以标准格式（预先定义收件人、标题、附件格式等）发送任务邮件给 RPA 机器人，如图 4-53 所示。

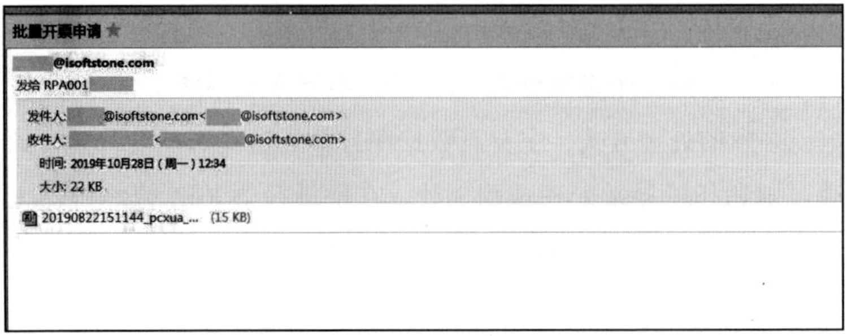

批量开票申请

@isoftstone.com

发给 RPA001

发件人: @isoftstone.com< @isoftstone.com>

收件人: < @isoftstone.com>

时间: 2019年10月28日(周一) 12:34

大小: 22 KB

20190822151144_pcxua_... (15 KB)

图 4-53 RPA 智能机器人任务接收告知通知

2）RPA 智能机器人完成任务后，邮件回复请求人处理结果（成功或异常），如图 4-54 所示。

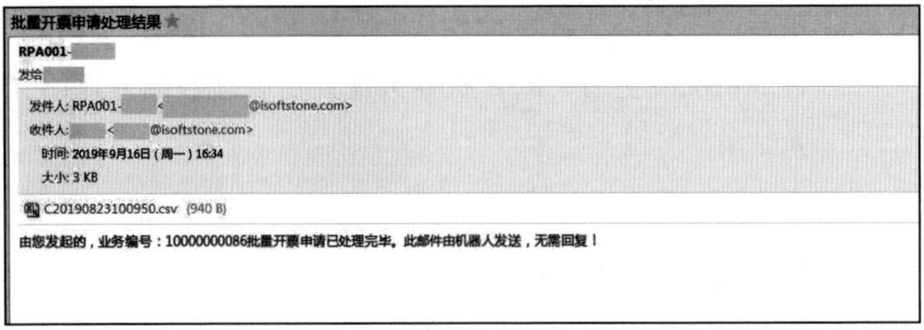

批量开票申请处理结果

RPA001-

发给

发件人: RPA001- < @isoftstone.com>

收件人: < @isoftstone.com>

时间: 2019年9月16日(周一) 16:34

大小: 3 KB

C20190823100950.csv (940 B)

由您发起的，业务编号：10000000086批量开票申请已处理完毕。此邮件由机器人发送，无需回复！

图 4-54 RPA 智能机器人完成任务告知通知

4.4.4 批量开票 RPA 机器人工作过程

采用 RPA 智能机器人来完成批量开票，需要在 UiPath RPA 智能机器人软件工具中完成如下 9 个步骤的配置和执行。

1）设计和配置主流程，如图 4-55 所示。

2）初始化配置文件，如图 4-56 所示。

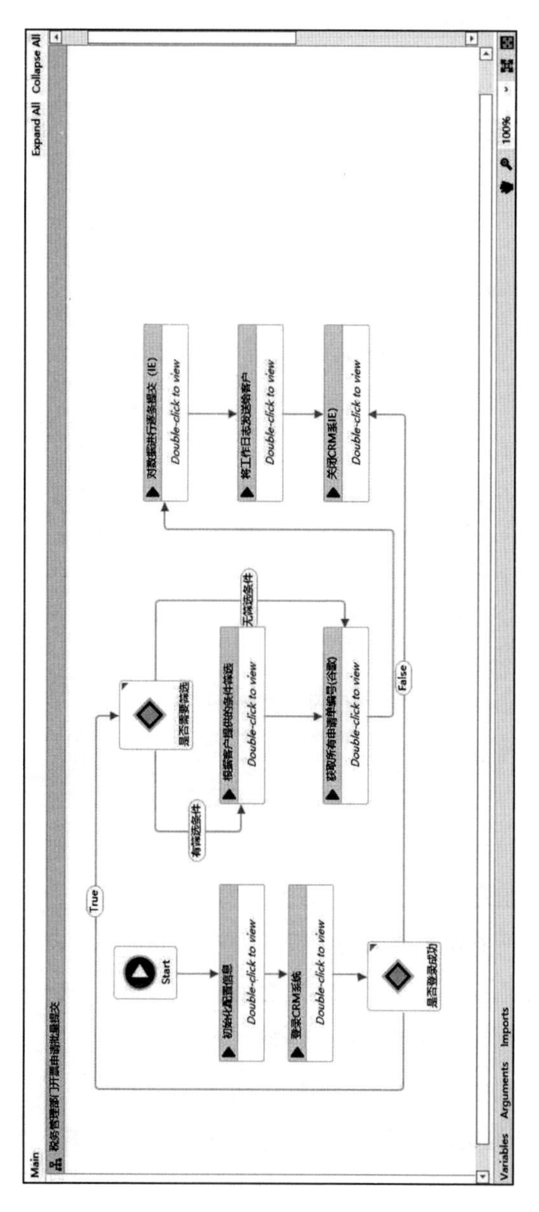

图 4-55　设计和配置主流程

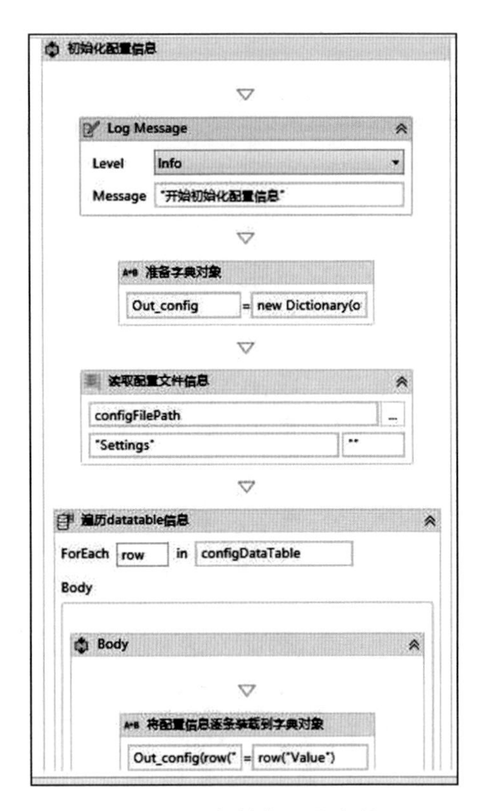

图 4-56　初始化配置文件

3）配置信息，登录 CRM 系统，如图 4-57 所示。

4）配置所有需要抓取的数据，如图 4-58 所示。

5）创建本次工作文件，写入数据，如图 4-59 所示。

6）配置数据逐条提交操作，如图 4-60 所示。

7）设置规则以判断是否提交成功，如图 4-61 所示。

8）配置邮箱将工作日志发送到业务人员邮箱，如图 4-62 所示。

图 4-57　登录 CRM 系统

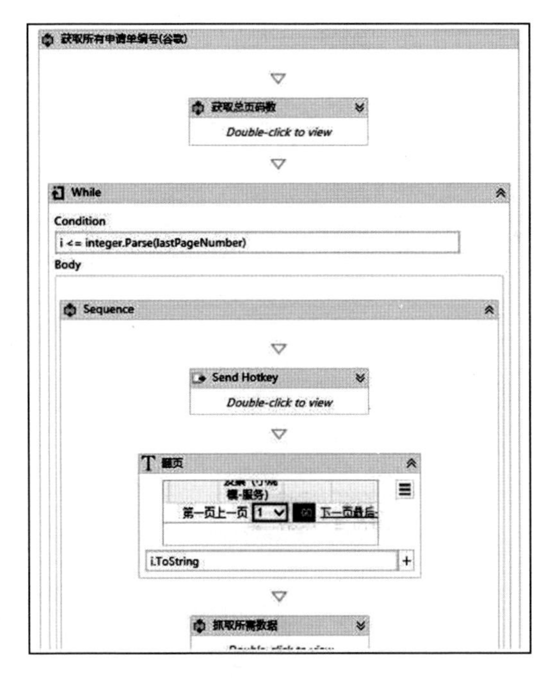

图 4-58　配置所有需要抓取的数据

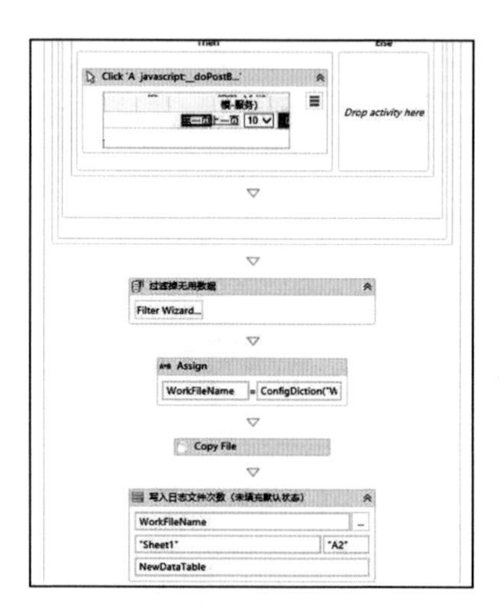

图 4-59　创建本次工作文件

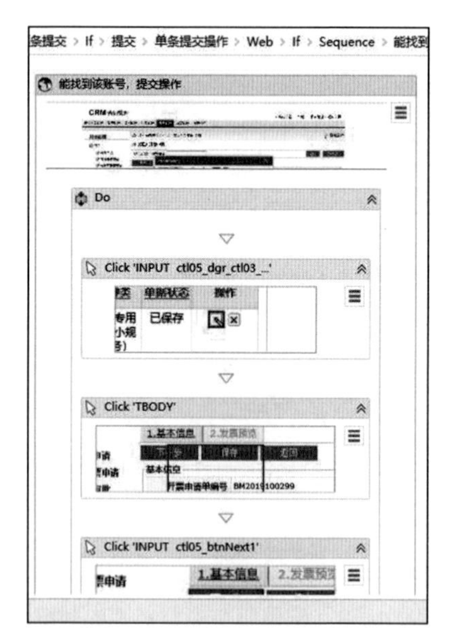

图 4-60　配置数据逐条提交操作

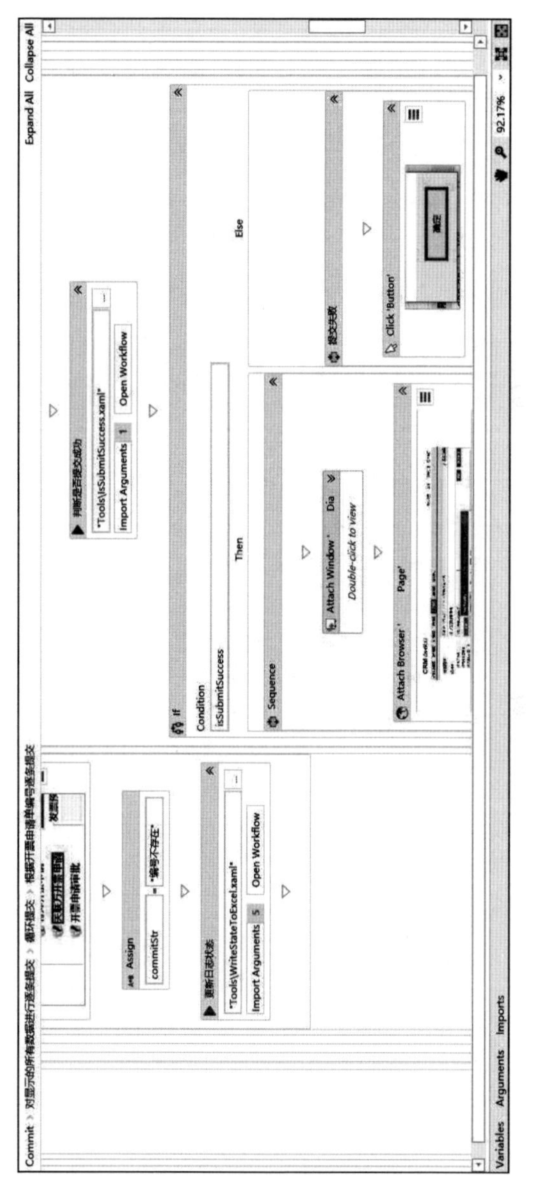
Commit › 对显示的所有数据进行逐条提交 › 循环提交 › 根据开票申请单编号逐条提交
Expand All
Collapse All
开票申请审批
Assign
commitStr
"编号不存在"
更新日志状态
"Tools\WriteStateToExcel.xaml"
Import Arguments
Open Workflow
判断是否提交成功
"Tools\IsSubmitSuccess.xaml"
If
Condition
isSubmitSuccess
Then
Else
Sequence
Attach Window
Double-click to view
Attach Browser
Page
提交失败
Click 'Button'
Variables
Arguments
Imports
92.17%

图 4-61　设置判断规则

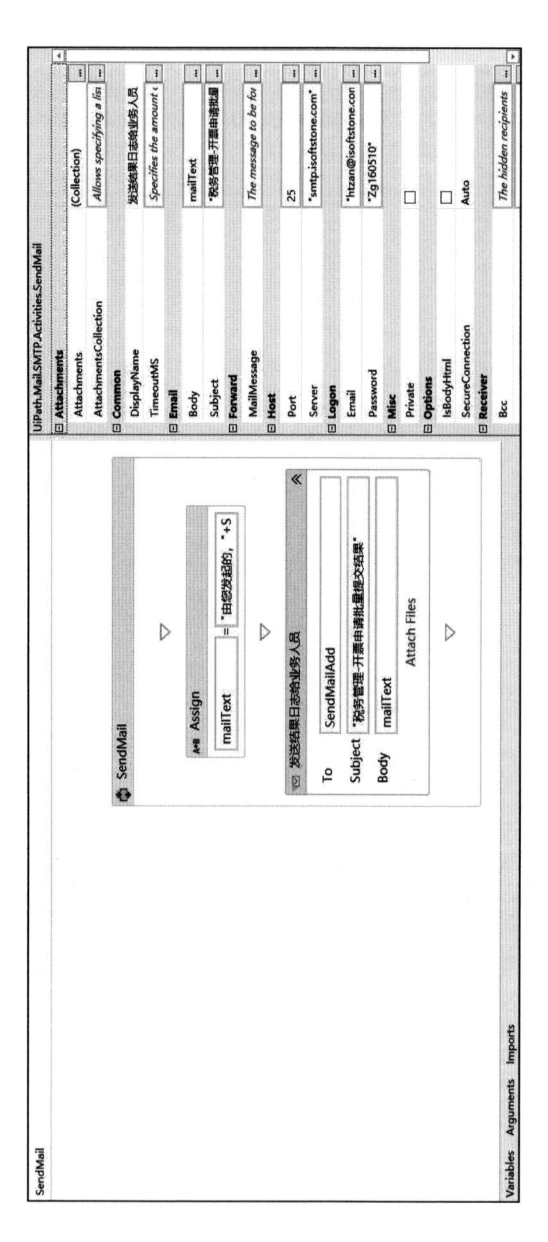
SendMail
Variables Arguments Imports
SendMail
A+B Assign
mailText = "由您发起的，"+S
发送结果日志给业务人员
To SendMailAdd
Subject "税务管理-开票申请批量提交结果"
Body mailText
Attach Files
UiPath.Mail.SMTP.Activities.SendMail
Attachments
Attachments (Collection)
AttachmentsCollection Allows specifying a list
Common
DisplayName 发送结果日志给业务人员
TimeoutMS Specifies the amount c
Email
Body mailText
Subject "税务管理-开票申请批量
Forward
MailMessage The message to be for
Host
Port 25
Server "smtp.isoftstone.com"
Logon
Email "htzan@isoftstone.con
Password "Zg160510"
Misc
Private
Options
IsBodyHtml
SecureConnection Auto
Receiver
Bcc The hidden recipients

图 4-62 配置邮箱

9）关闭 CRM 系统，如图 4-63 所示。

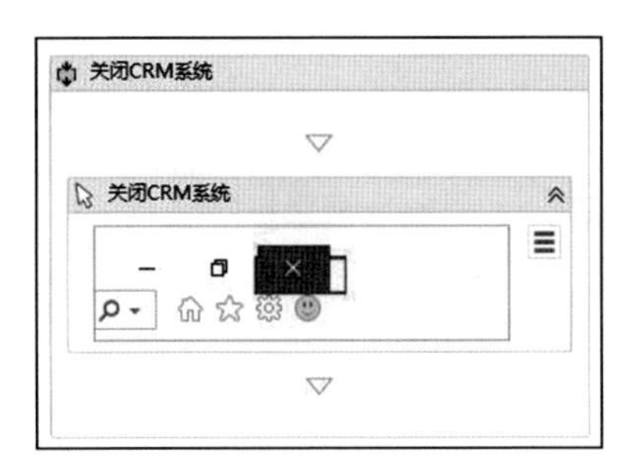

图 4-63　配置关闭 CRM 系统

4.4.5　批量开票 RPA 智能机器人的开发建议

- 网络不稳定可能导致系统登录失败，建议设置超时时间和重试次数，确保不会在登录环节出现问题。
- 根据绝对定位取第一条申请进行提交，有很高的风险，如遇数据异常需跳过该条申请而提交时，会出现死循环。建议抓取所有申请单编号（唯一标识），然后逐条搜索后提交，精准度较高，不受位置影响，并且安全性很高。
- 数据可能遇到某些不可预知的问题导致提交失败，建议记录所有数据的状态。设立重试机制，生成工作日志，确保可以精准查询每条数据的结果，便于业务人员修改错误数据。

4.4.6　RPA 智能机器人实施后的收益

从软通动力集团的实践结果看，批量开票 RPA 智能机器人工作效率约是原来手工操作效率的 11.7 倍，准确率提高到

100%，如图 4-64 所示。

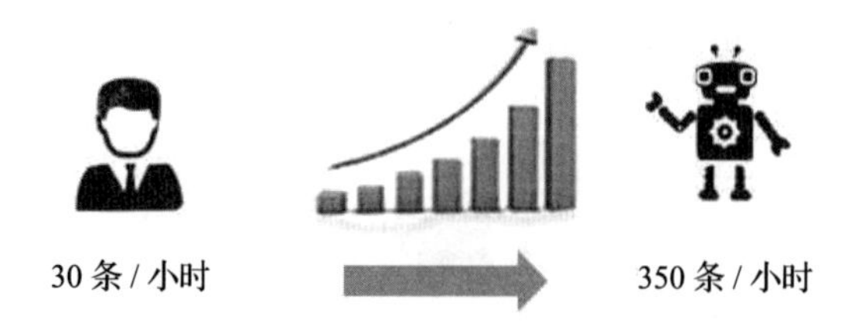

图 4-64　RPA 智能机器人实施的收益

RPA 机器人 24 小时值守，在提高开票效率、降低税务风险方面效果显著。

4.5　资金余额日报 RPA 智能机器人

4.5.1　适用的业务场景

企业为了及时了解公司资金状况，保证公司资金的安全完整，结合公司实际情况及管理要求，会要求财务部编制、报送资金日报。

根据公司规模，该项工作需要投入的人力与时间也存在差别。

以软通动力集团为例，10 名财务人员需要每天早上 9 点打开电脑按账户依次插入对应 U 盾，登录网银系统，获取前一日资金余额，并手工记录。然后，将手工记录的余额数据填写在余额表中，在 9 点 50 前登录资金管理系统，将余额表导入系统。待财务人员将余额表均导入系统后，财务主管登录资金管理系统，导出全集团的余额数据，将其作为底稿编制资金日报。10 点左右由财务主管发送给管理层。这些工作重复率高、难度低，每日需查询 200 个左右的账户，占用 10 名财务人员很长的工作时间。长期从事此类工作，员工容易产生工作疲倦和消极情绪，缺乏学习和晋升空间，往往导致员工离职率上升，难以保持团队的稳定性，且给企业带来额外的招聘成本与培训成本。

并且 U 盾因长时间多次插拔，易造成损坏，影响相关支付或查询工作，给企业带来业务风险与其他损失。如有财务人员请假或迟到，无法按时查询所有账户的余额，会严重影响资金日报的时效性。而且手工记录余额，也可能会造成余额错误，影响资金日报的准确性。有些公司账户绑定在一个 U 盾上，财务人员查询时需要互相传递，增加了查询时间，效率低下。

4.5.2　解决的业务痛点

- ❑ 财务人员每天重复单一工作，易产生倦怠情绪，影响效率和准确率。
- ❑ 相关人员长期从事低附加值工作，不仅资源浪费，也不利于员工晋升和团队稳定性。
- ❑ U 盾多次插拔造成损耗，影响财务相关工作。
- ❑ 财务人员到岗不全，影响资金日报的时效性。
- ❑ 手工记录每日余额，影响资金日报的准确性。
- ❑ 有些公司账户绑定在一个 U 盾上，导致查询效率低。

4.5.3 资金余额日报 RPA 智能机器人开发过程

1. 理解和分析当前的资金余额日报

首先，了解当前资金余额日报业务场景，如表 4-9 所示。

表 4-9 当前资金余额日报业务场景

步骤	业务操作
1	开始
2	财务人员打开电脑，依次插入对应 U 盾，登录网银系统
3	查询指定账号前一日余额
4	将前一日余额手动汇总到余额表（Excel）
5	依次插入 U 盾，重复上述 2～4 步骤中所述登录及记录操作
6	登录资金管理系统
7	将余额表导入资金管理系统
8	财务主管从资金管理系统导出资金余额日报
9	按照公司要求对资金日报进行逻辑编辑，并保存
10	每日上午 10 点左右发出资金余额日报邮件
11	结束

然后，充分理解并分析当前资金余额日报业务流程，如图 4-65 所示。

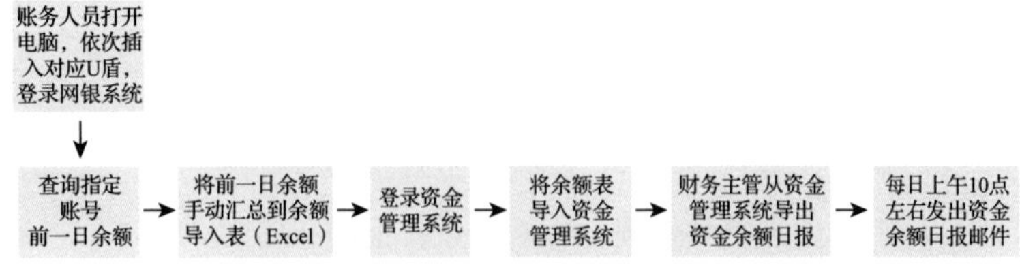

图 4-65 未使用 RPA 智能机器人的资金余额日报业务流程

2. 用 RPA 思维拆分业务场景

企业资金余额日报业务重复率高、操作单一，这些业务特点符合 RPA 的实现原则。

根据实践结果，资金余额日报业务的 95% 手工工作可由 RPA 机器人来完成。对于资金日报业务，传统人工处理操作和 RPA 智能机器人处理操作的对比，如表 4-10 所示。

表 4-10　传统人工处理操作和 RPA 智能机器人处理操作对比

步骤	传统人工处理操作	RPA 智能机器人处理操作
1	开始	开始
2	财务人员打开电脑，依次插入 U 盾，登录网银系统	机器人自动登录网银系统，查询指定账号前一日余额，汇总到余额表（Excel）
3	查询指定账号前一日余额	自动登录资金管理系统，导入余额表，导出资金余额日报
4	将前一日余额手动汇总到余额表（Excel）	对日报进行逻辑编辑，生成终版余额日报
5	登录资金管理系统	机器人自动发送邮件到指定人员
6	将余额表导入资金管理系统	更新日志、记录过程及结果信息
7	从资金管理系统导出资金余额日报	结束
8	每日上午 10 点左右发出资金余额日报邮件	
9	结束	

资金余额日报 RPA 智能机器人业务流程如图 4-66 所示。

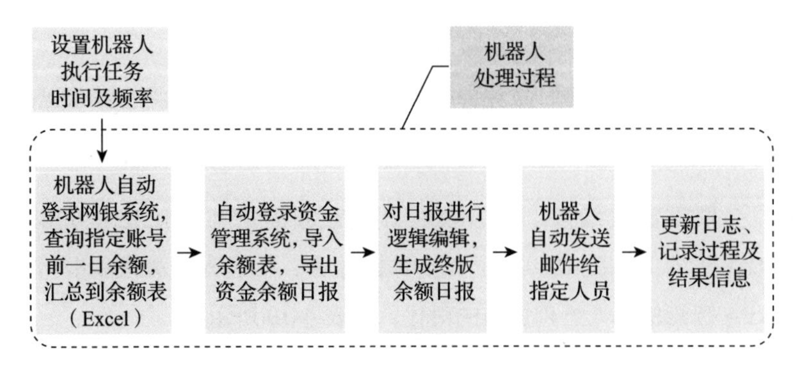

图 4-66　资金余额日报 RPA 智能机器人业务流程

3. 熟悉和识别所需 RPA 产品控件

进入 UiPath RPA 智能机器人软件工具，熟悉和识别所需 RPA 产品控件，如图 4-67 所示。

图 4-67　识别 UiPath RPA 中所需 RPA 产品控件

4. 在 RPA 工具中定义异常规则

资金余额日报编制和发送业务场景的异常规则定义和前文所述业务场景一样，同样可以采用数据源异常处理规则、设备异常处理规则、环境异常处理规则进行定义。

5. 在 RPA 工具中定义交付规则

资金余额日报编制和发送业务场景的交付规则定义基本和前文所述的业务场景类似。交付规则是指定义 RPA 智能机器人接收或完成任务后，在什么时间节点、为什么角色、交付什么内容的任务执行结果，以便任务请求人和相关人员对 RPA 智能机器人的工作结果进行核查和确认。

4.5.4　资金余额日报 RPA 机器人工作过程

采用 RPA 智能机器人来完成资金余额日报的编制和报送，需要在 UiPath RPA 智能机器人软件工具中完成如下 12 步的配置和执行。

1）进入“开发框架 – 流程控制中心 – Main”，设计主要业务流程，如图 4-68 所示。

2）配置业务流程调度中心，如图 4-69 所示。

3）配置 UKey 调度，如图 4-70 所示。

4）配置调度任务，并开始调度，如图 4-71 所示。

5）设计银行余额日记账处理主流程，如图 4-72 所示。

6）登录银行，如图 4-73 所示。

7）配置信息，获取区间交易记录，如图 4-74 所示。

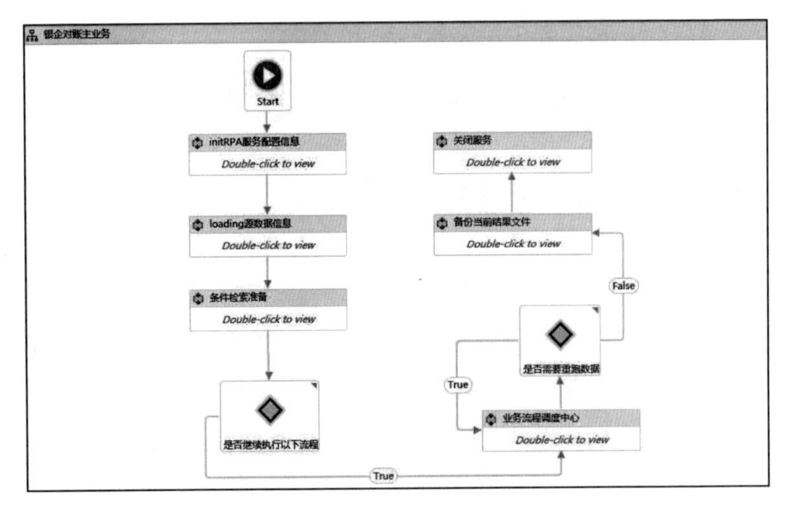

图 4-68　设计主要业务流程

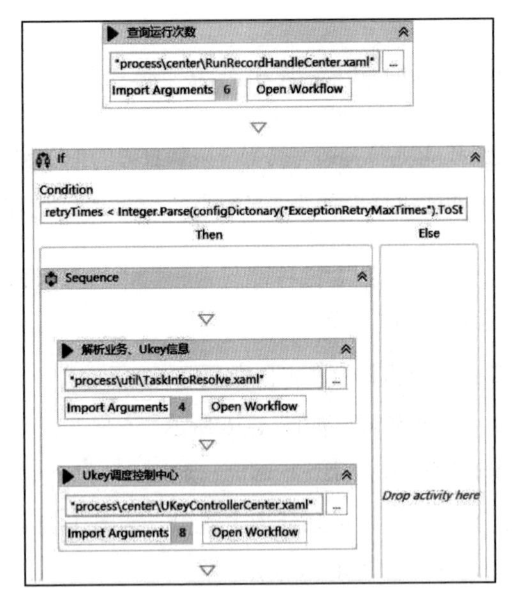

图 4-69　配置业务流程调度中心

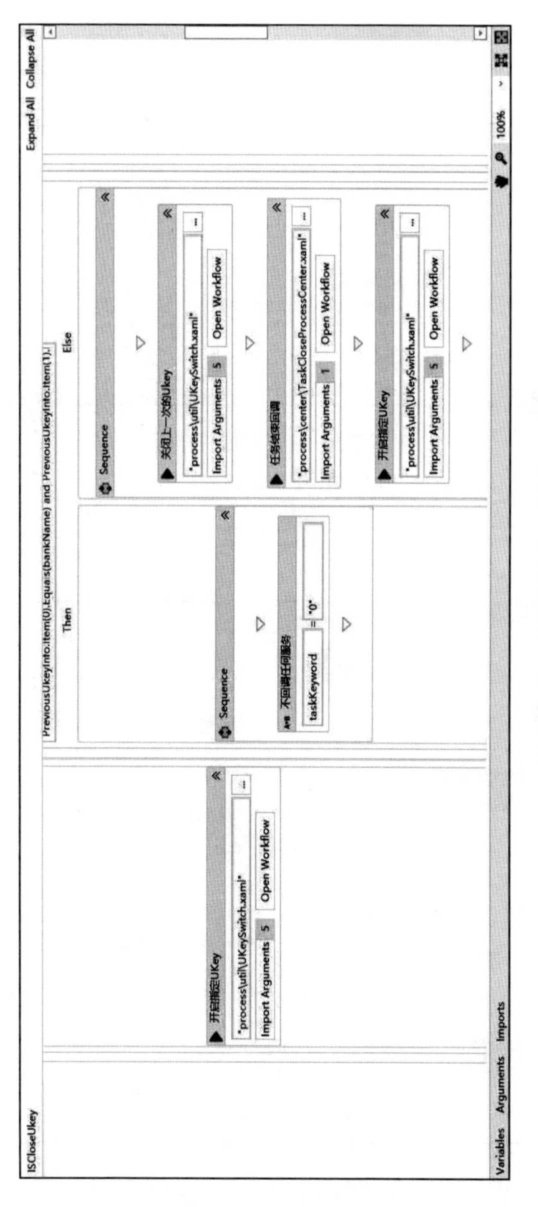

图 4-70　配置 UKey 调度

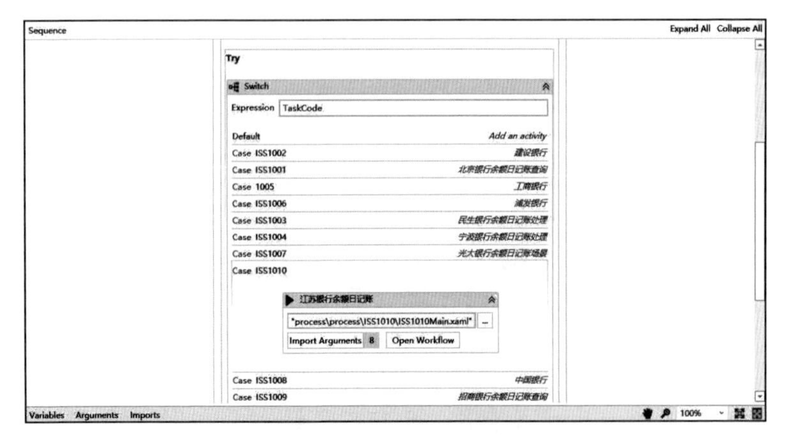

图 4-71　配置调度任务

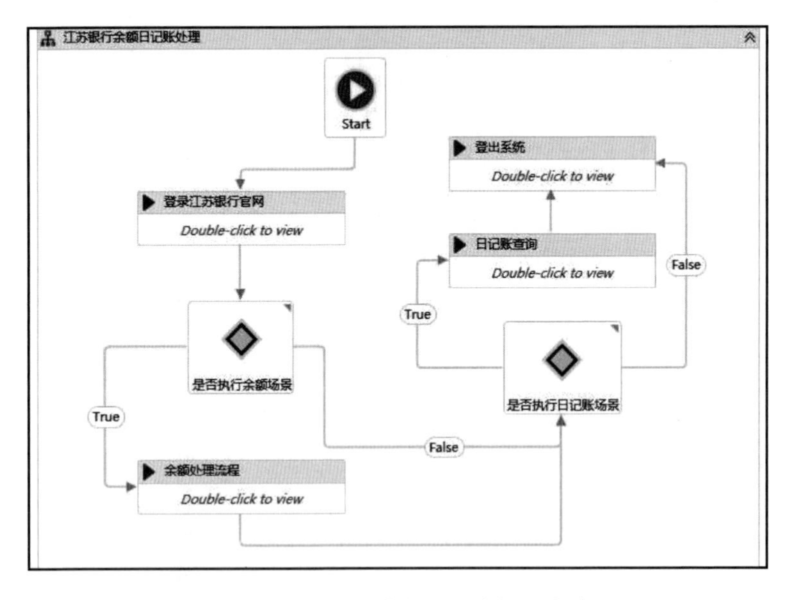

图 4-72　设计银行余额日记账处理主流程

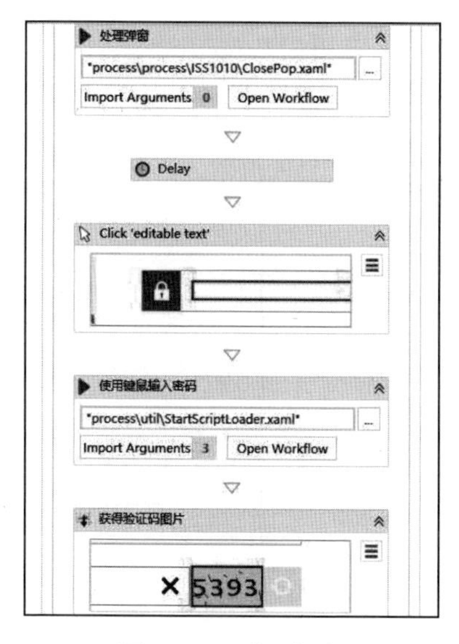

图 4-73　登录银行

图 4-74　获取区间交易记录

8）余额推算，如图 4-75 所示。

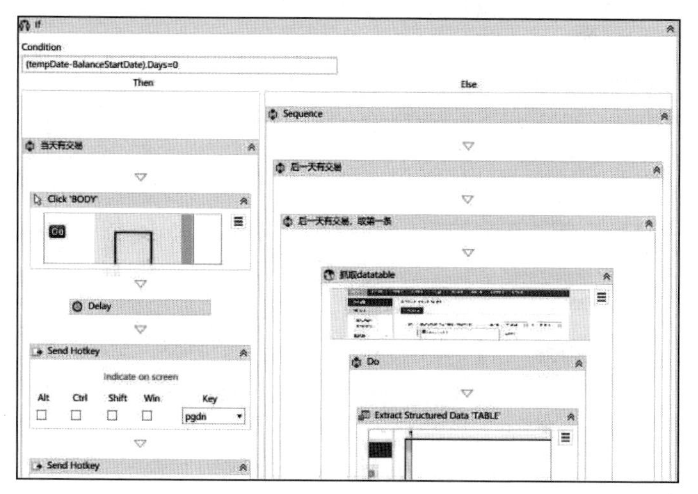

图 4-75　余额推算

9）配置余额文件 1 写入，如图 4-76 所示。

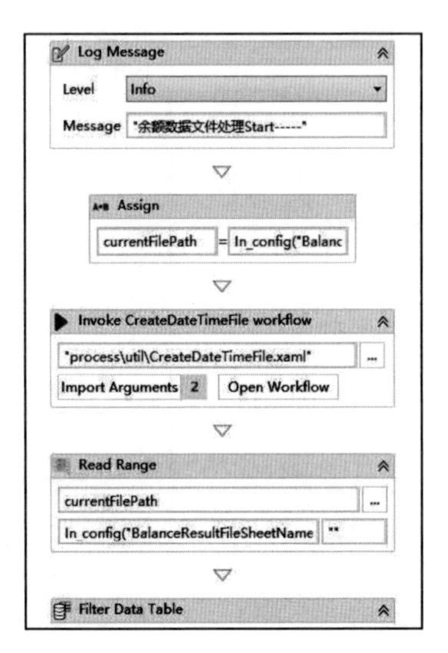

图 4-76　配置余额文件 1 写入

10）配置余额文件 2 写入，如图 4-77 所示。

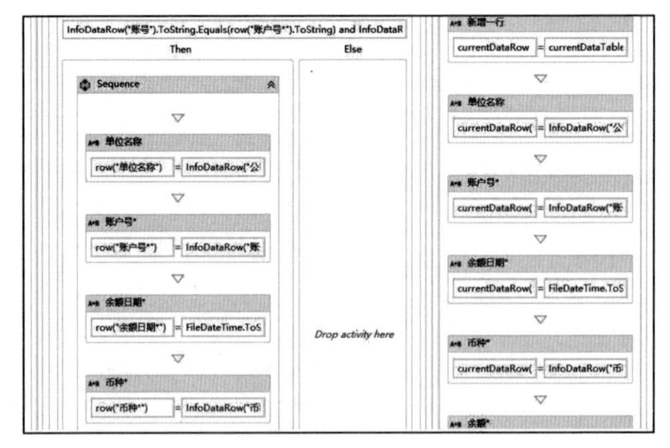

图 4-77　配置余额文件 2 写入

11）配置日记账文件写入，如图 4-78 所示。

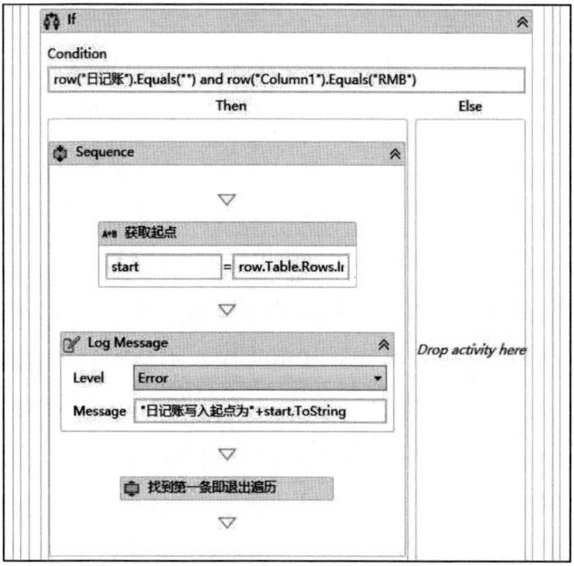

图 4-78　配置日记账文件写入

12）配置银行注销登录，如图 4-79 所示。

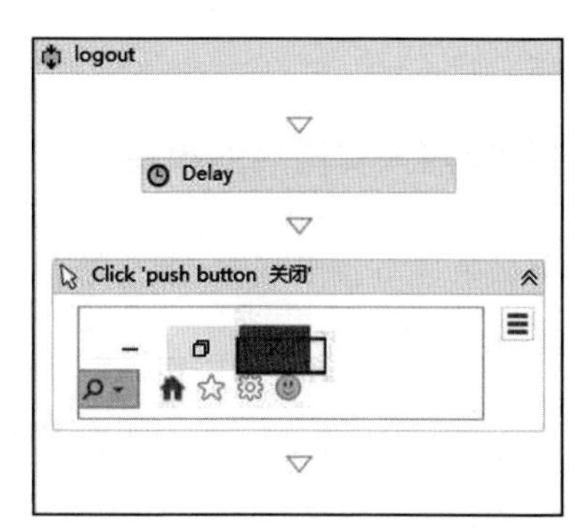

图 4-79　配置银行注销登录

4.5.5 资金余额日报 RPA 机器人开发建议

- 网络不稳定可能导致系统登录失败，建议设置超时时间和重试次数，确保不会在登录环节出现问题。
- 因为各银行所需电脑环境不同，多银行联合查询时环境冲突，不确定因素较多可能导致环境不稳定。如果在查询过程中出现异常情况，RPA 智能机器人会自动记录该条数据的查询状态（成功、失败）。如果查询失败，建议关闭当前进程重新开始本次查询任务。对已经生成的数据文件进行数据比对和覆盖操作不会影响其他数据，亦不会出现重复数据。最大重试次数可默认设置为 3 次（执行过程中将异常信息发送到开发人员邮箱）。
- 各个银行提供的数据以及获取数据操作各不相同，需要找到最安全的操作方式并精确地计算出数据。
- 由于银行环境多存在弹窗，建议登录成功后，设置专门弹窗处理流程，判断是否存在公告弹窗，存在即处理掉，反之则忽略。这样不会影响流程的正常运行。

4.5.6 RPA 智能机器人实施后的收益

实践证明，资金余额日报 RPA 智能机器人工作效率是原来人工效率的 10 倍，准确率提高到 100%，如图 4-80 所示。

RPA 智能机器人 24 小时值守，使企业财务人员有更多时间投入到高附加值的工作中。

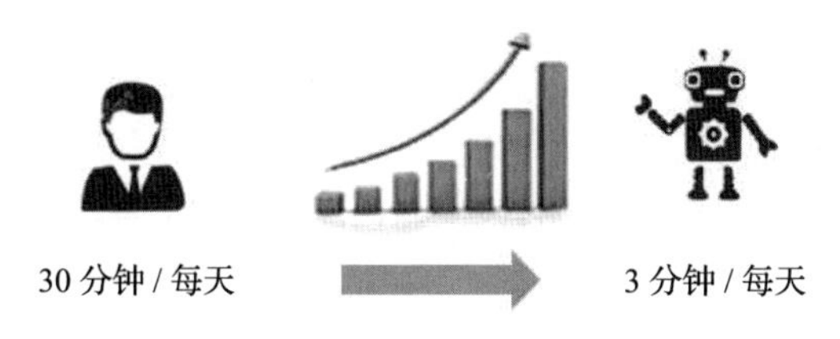

图 4-80　RPA 智能机器人实施后的收益

4.6　本章小结

RPA 智能机器人应用于财务领域，能够最大限度地实现企业财务流程的高效运转，以及财务运行成本的降低。RPA 智能机器人的应用使企业财务工作效率大幅提升，数据信息安全实现可控，保障了企业业务发展和管理决策中的数据需求，为企业发展提供了有效支撑。

|第 5 章| CHAPTER

RPA 智能机器人在 ERP 领域的应用

通过第 1 章 RPA 智能机器人基础知识的学习，我们了解到现阶段的 RPA 智能机器人主要被用来执行计算机软件流程中有一定规则且大量重复的业务。在大型 ERP 系统中，固定化、规范化的业务场景正符合 RPA 智能机器人的实现原则。企业部署一套 ERP 系统需要投入大量的人力、物力和财力，但并不是应用了 ERP，就可以完全自动地处理业务了。在实际工作中，还有许多 ERP 业务场景需要通过大量的人力资源，反复手工操作来完成业务流程或交易处理。

根据笔者在 ERP 领域的项目经验以及对 RPA 智能机器人知识的掌握，在 ERP 领域适合应用 RPA 智能机器人的业务场景涵盖财务、供应链、采购、制造、数据库数据治理与数据库管理等，如图 5-1 所示。

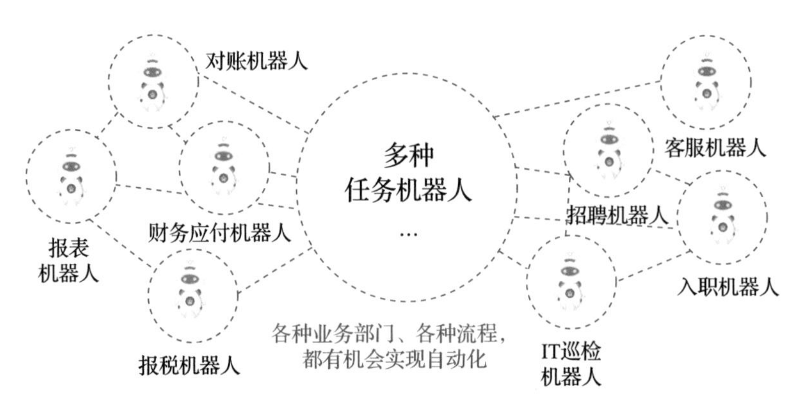

图 5-1　多业务场景应用的 RPA 智能机器人

在 ERP 业务场景范围广、业务复杂等实际情况下，如何在 ERP 业务中完成端到端的 RPA 流程自动化设计，是一个极大的挑战。因为“ RPA + ERP”这样的整体解决方案，在技术技能上既需要对 ERP 业务流程了解，又需要对 RPA 智能机器人产品工具熟悉。

本章将使用国产 RPA 产品之一——容智 iBot RPA 产品，并结合 SAP ERP 中常见的业务场景，介绍 RPA 智能机器人在 SAP ERP 领域的应用实践。

5.1　RPA 智能机器人与 SAP 系统结合的方式

通过实践发现，在 SAP 系统中，如果想使用 RPA 智能机器人实现 SAP ERP 业务场景自动化，主要有如下两种方式。

1）通过具有录制功能的 RPA 智能机器人，直接记录 SAP 系统用户的业务操作。RPA 智能机器人自动生成流程脚本，然后由解决方案顾问进行适当优化，从而实现 SAP 业务场景自动化运行中。

2）在企业 IT 技术部门允许的情况下，开放 SAP ECC、PI 或 S/4HANA 等诸多 SAP 系统的部分 API。由 RPA 智能机器人工具直接调用 API，从而实现部分 SAP 业务场景的自动化运行。

如表 5-1 所示，这两种方式各有利弊，企业决策者或 RPA 业务实施顾问可根据自身实际情况进行选择。

表 5-1　适合 SAP 系统实现自动化的两种方式

方　案	方案优势	方案弊端
录制 SAP 系统用户操作动作	无须企业 IT 部门开放 API 权限，审批周期短 操作简易，启动 RPA 智能机器人工具的录制功能后正常操作即可 灵活，流程变更调整便捷，无须员工具备开发编码能力	基于 UI 操作，依赖系统自身响应能力
通过 API 与 SAP 系统对接	API 对接稳定、高效	直接开放 SAP 系统的 API，对企业信息安全而言，存在一定风险 需维护人员具备一定编码能力

5.2　RPA 产品中适用 SAP 系统的通用节点

针对 SAP 系统，RPA 智能机器人在操作时，有几个通用的动作节点，如图 5-2 所示。

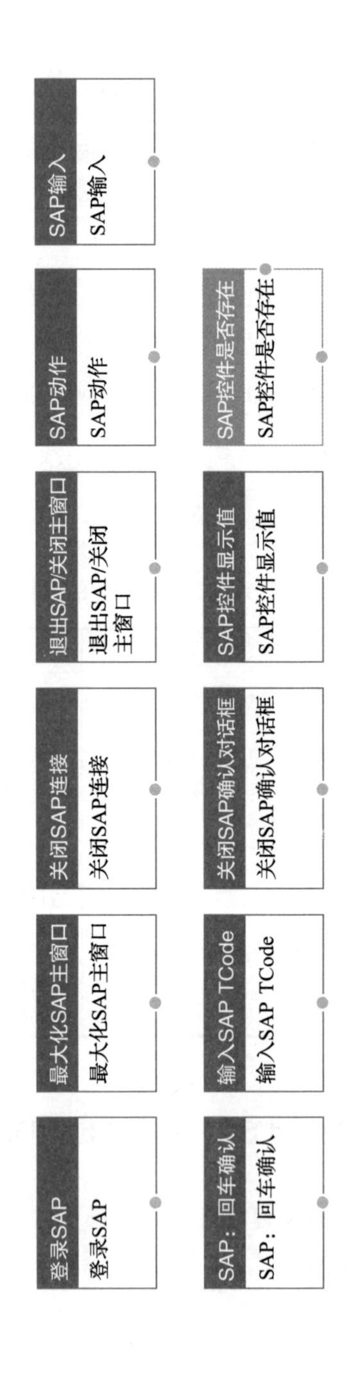

图 5-2 SAP 系统上的通用动作节点

在 SAP ERP 业务流程和业务场景设计时，我们可以考虑其复用性，如表 5-2 所示。

表 5-2　在 SAP 系统上的动作节点和适用的业务场景

序号	动作节点	适用 SAP 场景
1	登录SAP 登录SAP	用户登录 SAP，可设置集团、账号、密码、语言等信息
2	最大化SAP主窗口 最大化SAP主窗口	最大化 SAP 主窗口。SAP 主窗口指的是登录 SAP 之后显示的主界面
3	关闭SAP连接 关闭SAP连接	用户关闭 SAP 连接操作时使用
4	退出SAP/关闭主窗口 退出SAP/关闭主窗口	用户退出 SAP 登录账号时使用
5	SAP动作 SAP动作	用于模拟 SAP 操作，主要是 SAP 的控件点击操作
6	SAP输入 SAP输入	用于模拟 SAP 输入，主要是 SAP 中输入框的输入。例如 SAP 创建订单中的供应商输入、物料输入等
7	SAP：回车确认 SAP：回车确认	用于模拟 SAP 输入操作后，点击回车键的场景

（续）

序号	动作节点	适用 SAP 场景
8	输入SAP TCode 输入SAP TCode	用于模拟 SAP 中 TCode 的输入
9	关闭SAP确认对话框 关闭SAP确认对话框	用于 SAP 弹窗处理，如在下载文件时弹出的确认框的处理
10	SAP控件显示值 SAP控件显示值	用于 SAP 控件的显示值，多用于获取平行文本的内容。例如创建订单之后生成的订单号
11	SAP控件是否存在 SAP控件是否存在	用于判断上一动作是否执行结束，下一动作是否可以开始执行

5.3 SAP 订单录入 RPA 智能机器人

5.3.1 适用的业务场景

在 SAP EPR 业务场景中，采购管理是企业控制管理成本并盈利的一种有效手段，包含采购计划、采购订单、发票校验交易管理、采购合同和策略采购等多业务流程。

其中，订单录入流程在操作上具有很强的一致性，但流程内的判断、异常处理和对数据源的拆解又较为复杂，人工操作时常常会因为沟通及上述因素的出现导致处理延迟。而对于 RPA 智能机器人工具而言，这是非常经典的业务场景之一。

5.3.2 解决的业务痛点

- 无论是采购订单还是销售订单，数据的来源多，它可能来自门户、邮件、传真、邮寄甚至即时通信工具，造成效率低下。
- 订单的产品或物料名称与 SAP ERP 中的信息不一致，录入时容易出错。
- 无论采购订单还是销售订单都具有一定的时效性，需要及时处理。一旦延时，容易给公司带来损失。

5.3.3 SAP 订单录入 RPA 智能机器人开发过程

1. 理解和分析当前的 SAP 订单录入业务场景

首先，了解当前 SAP 订单录入业务场景，如表 5-3 所示。

表 5-3 当前 SAP 订单录入业务场景

步骤	业务操作
流程名称	SAP 订单录入
流程描述	过滤邮件，从邮件中获取订单信息，将订单信息录入 SAP 系统
需求部门	IT 部门
涉及人员	14 人
数据源及格式	.xlsx、.csv、.pdf、.jpg、.png 等
数据量	20 000 单

（续）

步骤	业务操作
执行频率	不定时
涉及系统	SAP、邮箱
网络环境	内网
反馈形式	邮件

然后，充分理解并分析当前 SPA 订单录入的业务流程，如图 5-3 所示。

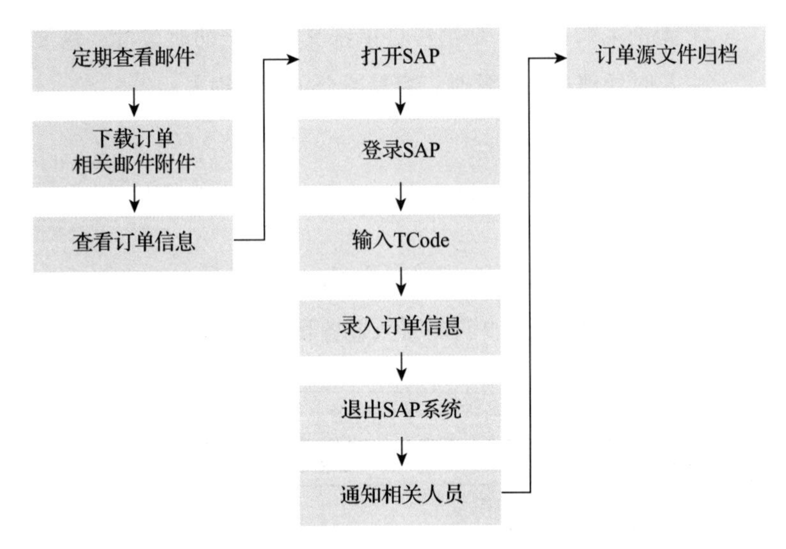

图 5-3　未使用 RPA 智能机器人的 SAP 订单录入业务流程

2. 用 RPA 思维拆解业务场景

根据 SAP 功能顾问对流程的理解及 RPA 智能机器人的特点，由 SAP 顾问和 RPA 产品技术顾问一起绘制出人机交互流程图（如图 5-5 所示），合理分配需要人工执行部分和 RPA 智能机器人自动执行部分。在人机交互流程设计时，尽量覆盖所有可能出现的异常情况，并且针对每个动作进行风险分析，提出对应处理方案。在设计新的业务流程时，尽可能遵循如下原则。

- 提高流程执行效率。
- 降低人工干预。
- 尽量覆盖异常。
- 避免常见错误及异常自动化处理。
- 明确预期。
- 明确反馈。

分析和拆解现有的操作步骤，如表 5-4 所示。

表 5-4　未使用 RPA 智能机器人的操作

序号	业务操作动作
1	订单有一定时效性，需员工定期查看并过滤有效邮件
2	下载订单相关邮件附件
3	查看订单文件，格式存在 .xlsx、.csv、.pdf、.jpg、.png 等
4	打开 SAP
5	登录 SAP
6	输入 TCode
7	录入订单信息
8	退出 SAP 系统
9	结果反馈给相关人员
10	订单源文件本地归档
11	结束

对每个步骤进行风险分析并寻找适合 RPA 智能机器人的步骤，如表 5-5 所示。

表 5-5 业务操作优化和风险分析

序号	业务操作	风险分析	RPA 智能机器人操作
1	监控邮箱	重复订单邮件。解决方案：增加订单号的重复校验	过滤有效订单，剔除重复订单；反馈订单内容一致的订单号
2	下载订单相关邮件附件	—	下载订单相关邮件附件到指定目录
3	查看订单信息	图片或 PDF 类型订单，导致无法直接读取。解决方案：识别订单类型	访问订单文件并进行类型判断
4	统一订单格式	订单格式不统一。解决方案：先规范量大的模板类型，再逐渐覆盖全部类型	统一订单格式为 .xlsx 类型
5	打开 SAP	—	打开 SAP
6	登录 SAP	系统未响应或密码错误。解决方案：尝试有限次数的重复登录，如还无法登录则邮件反馈给用户	登录 SAP
7	输入 TCode	—	输入 TCode
8	录入订单信息	—	录入订单信息
9	退出 SAP	—	安全退出 SAP
10	通知相关人员	—	通知相关人员任务执行情况
11	结束	—	结束

使用 RPA 智能机器人的业务流程如图 5-4 所示。

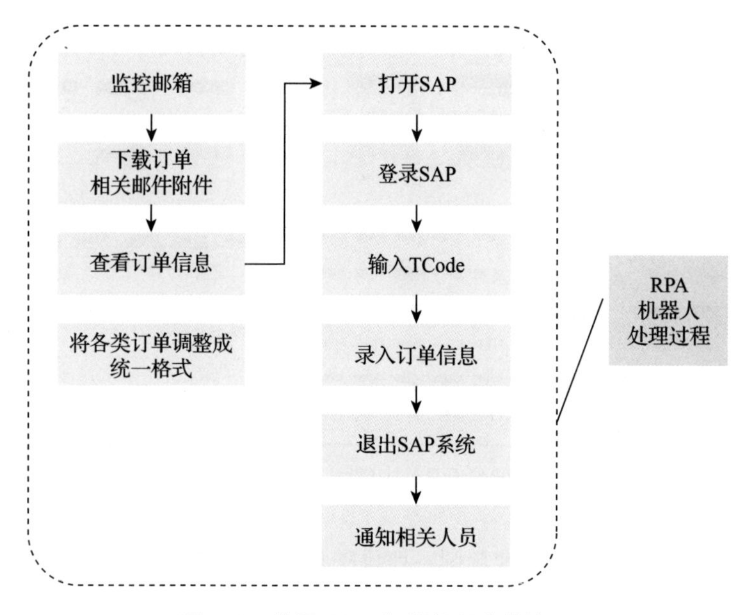

图 5-4　使用 RPA 智能机器人的流程

3. 熟悉和识别所需 RPA 产品控件

虽然每家的 RPA 产品在功能上大同小异，但界面并不相同。因此，不同 RPA 产品的流程设计画面也不尽相同，图 5-5 是容智 iBot RPA 创建 SAP 订单流程的界面。

4. 在 RPA 产品中定义异常规则

异常规则用于定义 RPA 智能机器人在不能正常运行时，应该采取的处理方式。前文在 UiPath RPA 执行的业务中介绍的 3 种典型异常规则，同样适用于容智 iBot RPA 产品。

- 数据源异常处理规则：如请求的数据格式不正确，数据模糊不清时，RPA 机器人应返回什么样的结果。

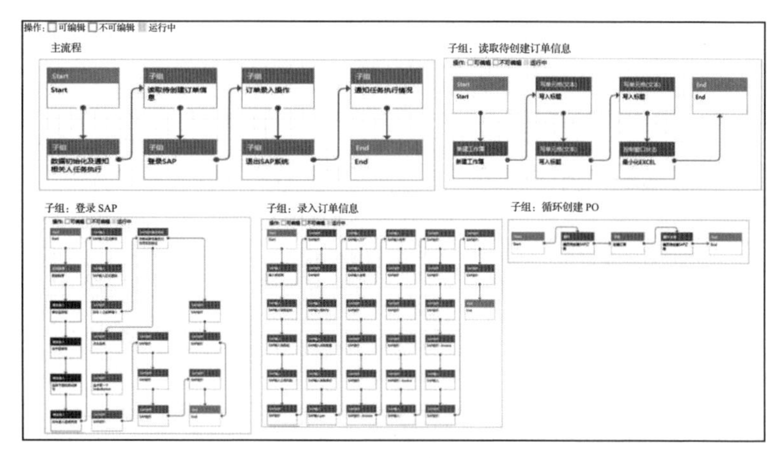

图 5-5　容智 iBot RPA 中创建 SAP 订单流程的界面

- ❑ 设备异常处理规则：如设备自检发现异常时，RPA 机器人应通知什么人、返回什么结果。
- ❑ 环境异常处理规则：如断电、温 / 湿度变化影响正常运行时，RPA 机器人应采取什么样的保护行为和自动启动措施等。

5. SAP 订单录入 RPA 智能机器人工作过程

采用 RPA 智能机器人来完成 SAP 订单创建这个业务场景，需要在容智 iBot RPA 智能机器人软件工具中完成如下 7 步的配置和执行。

1）设计 SAP 订单主流程，如图 5-6 所示。

2）设置登录 SAP 系统的用户和密码信息等，如图 5-7 所示。

3）设置循环遍历待创建 SAP 订单信息，如图 5-8 所示。第一个框为循环的索引，初始值设置为 0；第二个框为循环的条件，{345} 为获取需要创建订单的数量。

4）设计 SAP 系统中订单信息录入流程，如图 5-9 所示。

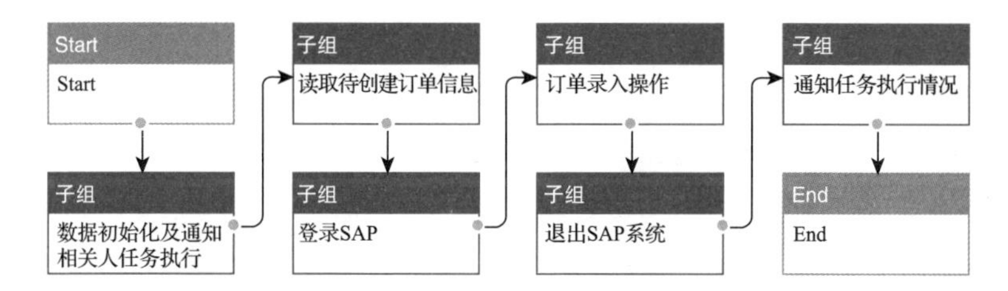

图 5-6　设计 SAP 订单主流程

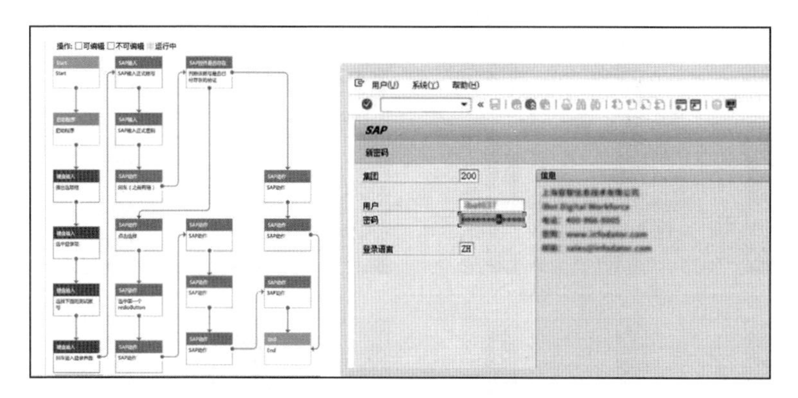

图 5-7　设置登录 SAP 系统的用户和密码信息

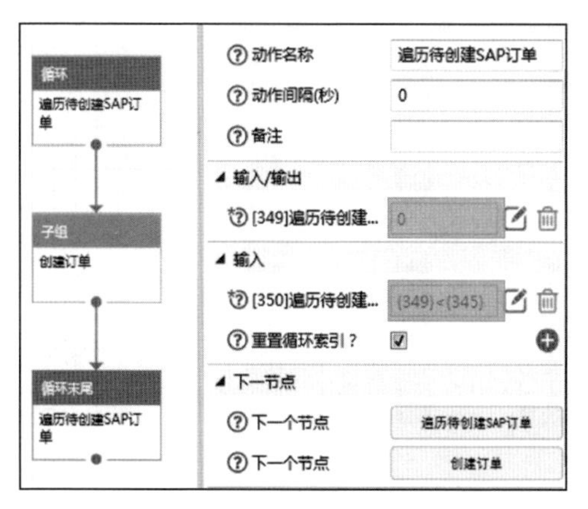

图 5-8　设置循环遍历所有待创建 SAP 订单

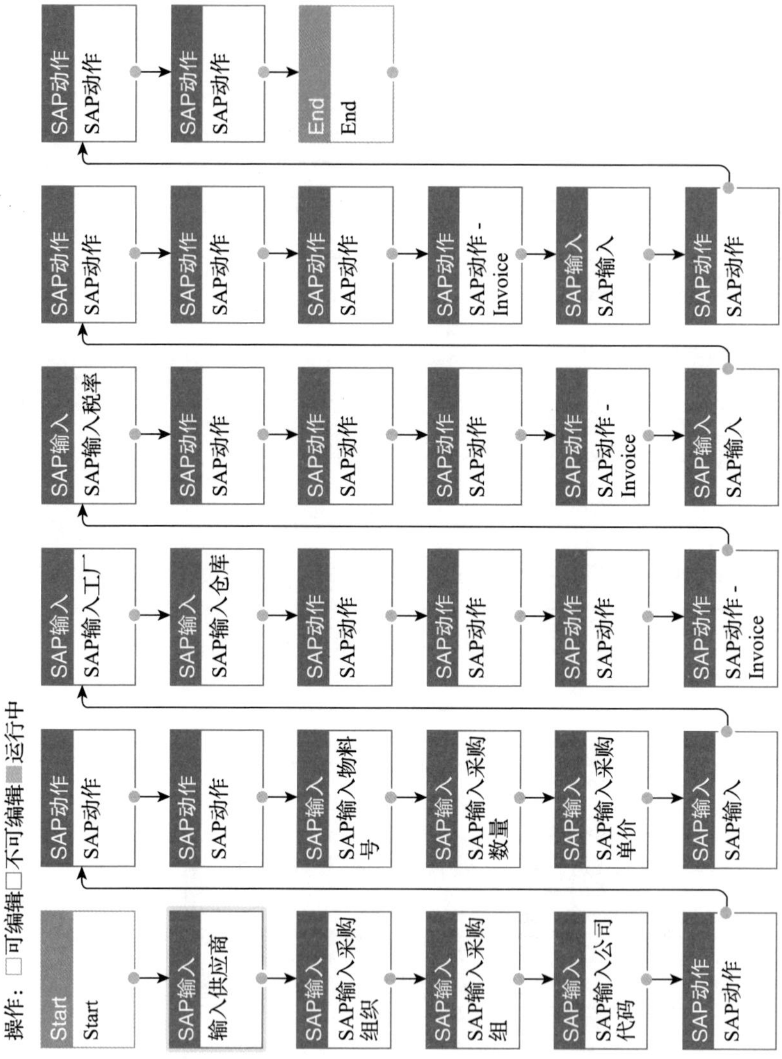

操作：□可编辑□不可编辑■运行中

Start
Start
SAP输入
输入供应商
SAP输入
SAP输入采购组织
SAP输入
SAP输入采购组
SAP输入
SAP输入公司代码
SAP动作
SAP动作

SAP动作
SAP动作
SAP动作
SAP动作
SAP输入
SAP输入物料号
SAP输入
SAP输入采购数量
SAP输入
SAP输入采购单价
SAP输入
SAP输入

SAP输入
SAP输入工厂
SAP输入
SAP输入仓库
SAP动作
SAP动作
SAP动作
SAP动作
SAP动作
SAP动作
SAP动作
SAP动作 - Invoice

SAP输入
SAP输入税率
SAP动作
SAP动作
SAP动作
SAP动作
SAP动作
SAP动作
SAP动作
SAP动作 - Invoice
SAP输入
SAP输入

SAP动作
SAP动作
SAP动作
SAP动作
SAP动作
SAP动作
SAP动作
SAP动作 - Invoice
SAP输入
SAP输入
SAP动作
SAP动作

SAP动作
SAP动作
SAP动作
SAP动作
End
End

图 5-9　设计订单信息录入流程

5）录制 SAP 创建订单页面，方框处是需要输入的订单信息，如图 5-10 所示。

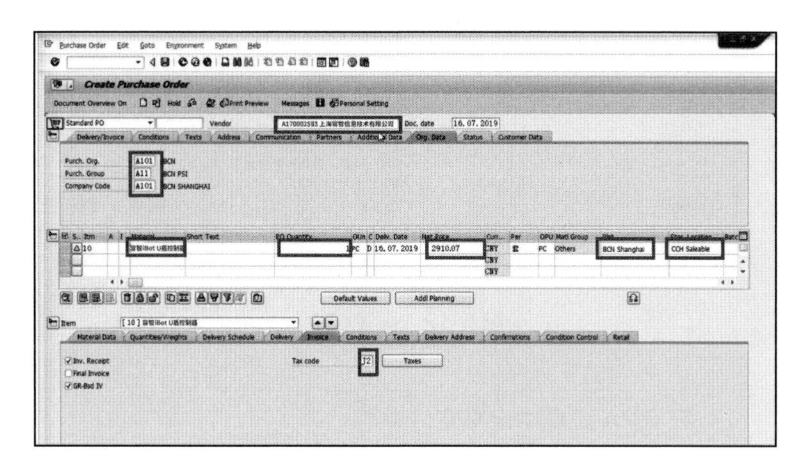

图 5-10　录制 SAP 创建订单页面

6）录制订单创建完成后，获取订单号界面，箭头处是需要获取的订单号，如图 5-11 所示。

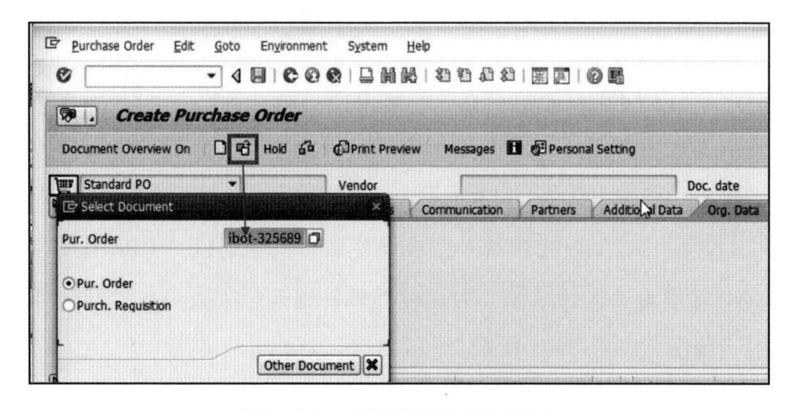

图 5-11　录制获取订单号界面

7）订单创建完成后，配置发送邮件，如图 5-12 所示。

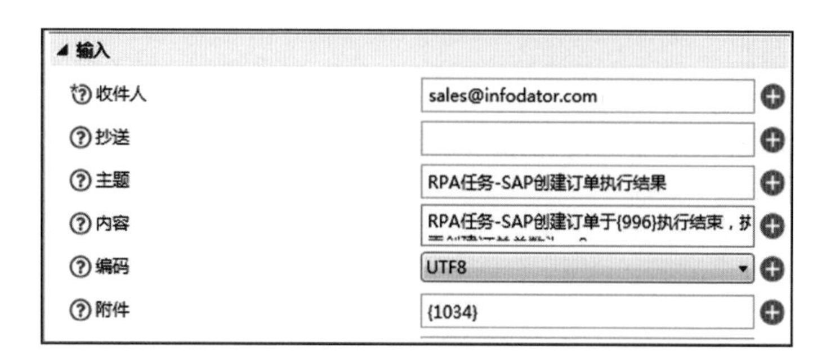

图 5-12　配置邮件

6. 在 RPA 工具中定义交付规则

交付规则是指 RPA 智能机器人接收或完成任务后，在什么时间节点、为什么角色、交付什么内容的任务执行结果，以便任务请求人和相关人员对 RPA 智能机器人的工作结果进行核查和确认。SAP 订单录入 RPA 智能机器人交付规则定义如下。

1）当 RPA 智能机器人收到任务后，发一封以“RPA 订单录入机器人业务接单提醒”为主题的邮件通知相关人员，告知任务已被成功获取，如图 5-13 所示。

2）当 RPA 智能机器人完成任务后，发一封以“RPA 任务 - SAP 订单录入执行结果”为主题的邮件通知相关人员，告知任务执行情况，如图 5-14 所示。

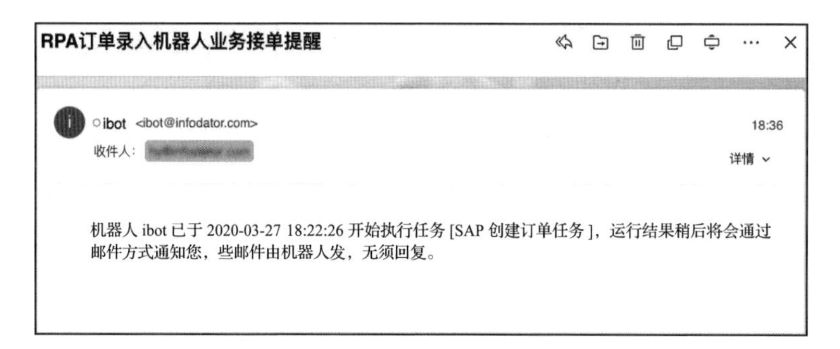

图 5-13　RPA 智能机器人任务接收告知通知

图 5-14　RPA 智能机器人完成任务告知通知

以示例邮件内容为例，邮件内容（可以根据实际情况自行定制化设置）解释如下。

- 需要创建订单总数。
- 成功创建订单数量。
- 创建失败订单数量。

- ❑ RPA 智能机器人会创建一个“SAP 订单录入信息表”文件作为附件，这个文件的内容是 SAP 待录入订单的信息以及每条记录的执行状态。

5.3.4 RPA 智能机器人实施后的收益

- ❑ 规范订单统一格式。
- ❑ 全流程机器人替代。
- ❑ 缩短业务响应时间。
- ❑ 实践结果表明，SAP 订单录入 RPA 智能机器人工作效率约是人工处理效率的 5.2 倍，如图 5-15 所示。

5.3.5 SAP 订单录入 RPA 机器人的开发建议

- ❑ 涉及多来源和多格式的数据源时，建议增加一步统一规范模版的操作，便于后期管理。
- ❑ 将系列操作打包成动作组，便于后期针对性调整和复用。

5.4 SAP 发票录入 RPA 智能机器人

5.4.1 适用的业务场景

对于企业而言，发票到付款流程非常关键，且具备较高的风险。发票到付款流程涉及大量团队协作及手工操作的环节，在这个手动流程中企业需要花费大量时间进行发票处理、校验、匹配、录入并处理付款等事宜。烦琐的过程为及时给供应商付款带来了风险。图 5-16 为传统进项发票处理流程。

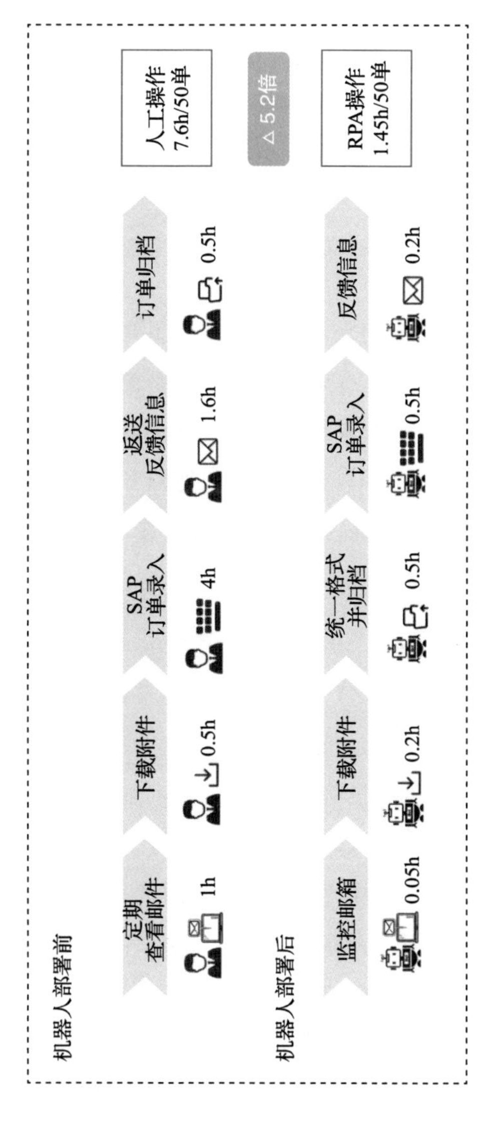

图 5-15　使用 RPA 智能机器人的收益

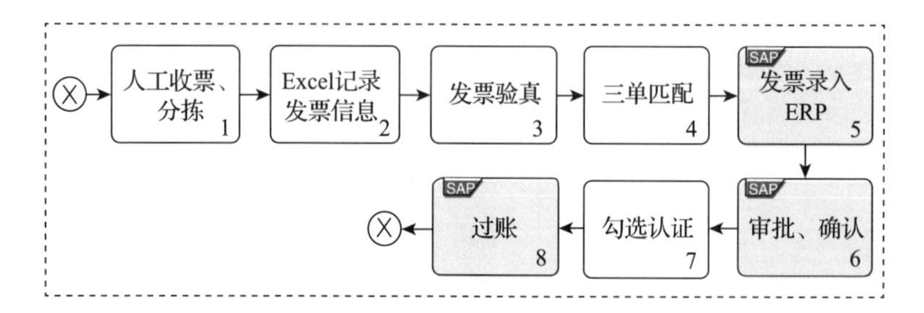

图 5-16　传统进项发票处理流程

员工在进行预处理时就需要分拣浏览每张发票信息并手工进行台账的记录。整个流程是耗时且枯燥，难免会出现人工核验及录入误差。个人层面小概率的错误和统计误差放大到企业层面将会带来难以预估的审计风险。对想要打造财务共享服务和数字化转型的企业来说，发票到付款流程，是一个很好的 RPA 智能机器人优先自动化应用实践。

5.4.2　解决的业务痛点

- 自营改增后发票量明显增加。
- 人工操作量大，人为错误难以避免。
- 票据影像查找麻烦，纸质发票归档难。
- 三单匹配耗时耗力。
- 多部门及供应商沟通成本高。
- 手工流程中出现的问题难追溯。
- 发票验真平台服务器业务高峰期不稳定。
- 发票逐一处理效率有限，难以应对业务高峰。

5.4.3　SAP 发票录入机器人开发过程

1. 理解和分析 SAP 发票录入的业务场景

首先，了解 SAP 发票录入业务场景，如表 5-6 所示。

表 5-6　SAP 发票录入业务场景

条　目	业务操作
流程名称	发票处理
流程描述	收到纸质票据后获取全部信息并验证，与订单匹配后录入 SAP 系统
需求部门	财务部
涉及人员	7 人，分拣员 / 应付人员 /IT 人员
数据源及格式	纸质票据、SAP
数据量	4000～6000 张 / 月
执行频率	不定时，月结
涉及系统	Excel、SAP、Outlook、发票查验平台
网络环境	内网
反馈形式	邮件

然后，充分理解并分析当前的业务流程，如图 5-17 所示。

2. 用 RPA 思维拆解业务场景

在 SAP 系统中，发票录入的业务处理需要跨不同的系统、处理规则基本固定、重复劳动多，这些业务特点符合 RPA 的实现原则，所以 RPA 智能机器人可以代替人工在 SAP 系统中录入发票的业务要求，提高效率。

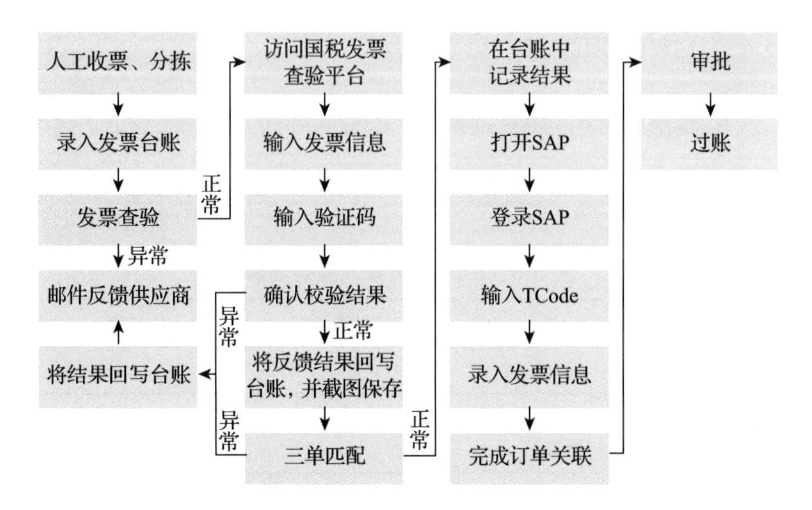

图 5-17　未使用 RPA 智能机器人的 SAP 发票录入业务流程

用 RPA 思维来改造 SAP 系统录入发票业务，需要 SAP 功能顾问和 RPA 智能机器人实施顾问一起分析和拆解现有的操作步骤（如表 5-7 所示），合理分配需要人工执行部分和 RPA 智能机器人自动执行部分，寻找适合 RPA 智能机器人的流程并进行风险分析（如表 5-8 所示），然后联合绘制适合 RPA 智能机器人自动化的新的业务流程图（如图 5-18 所示）。在流程设计时，尽量覆盖所有可能会出现的异常情况，针对每个动作进行风险分析并提出对应的处理方案。在设计新的业务流程时，尽可能遵循如下原则。

- 提高流程执行效率。
- 降低人工干预。
- 尽量覆盖异常。
- 避免常见错误及异常自动化处理发生。

- 明确预期。
- 明确反馈。

表 5-7　拆解 SAP 发票录入业务场景

序号	业务操作
1	人工收票，根据供应商和对应负责人员分拣发票
2	录入发票台账信息
3	确认发票信息与历史信息是否有重复
4	无重复：访问国税发票查验平台 重复：邮件反馈供应商 内容：票据影像、历史记录、错误描述
5	访问国税发票查验平台
6	输入发票信息：发票代码、发票号码、开票日期、未税金额或校验码
7	输入动态验证码
8	确认校验结果
9	将结果回写台账并截图保存
10	正常：三单匹配 异常：邮件反馈供应商 内容：查验影像、错误描述
11	确认三单匹配结果
12	正常：在台账中记录结果 异常：反馈供应商 内容：差异部分及补充描述
13	打开 SAP
14	登录 SAP
15	输入 TCode
16	录入发票信息
17	关联订单
18	审批
19	过账

表 5-8 业务操作优化和风险分析

序号	业务操作	风险分析	RPA 智能机器人操作
1	人工收票，批量扫描	存在业务高峰	—
2	OCR 自动获取全票面信息	识别错误。解决方案：支持人工调整部分字段的模式	获取影像及全票面信息
3	自动批量查重及验证	票据查验官方平台超时。解决方案：针对超时错误类发票自动尝试重新验证	即时返回准确的验证信息
4	重复：反馈供应商 无重复：自动分类归档	供应商信息错误。解决方案：邮件发送失败时，反馈用户并更新供应商信息	根据模板发送邮件或归类发票
5	三单匹配	产品名称无法对应。解决方案：加设模糊关键词，提升匹配精准度	完成匹配并反馈匹配结果
6	正常：打开 SAP 异常：反馈供应商	供应商信息错误。解决方案：邮件发送失败时，反馈用户并更新供应商信息	根据模板发送邮件或打开 SAP
7	登录 SAP	系统未响应或密码错误。解决方案：尝试有限数量的重复登录，如还无法登录则邮件反馈给用户	登录 SAP
8	输入 TCode	—	输入 TCode
9	录入发票信息	—	录入发票信息
10	完成订单关联	—	完成订单关联
11	审批	—	审批
12	过账	—	过账
13	邮件反馈对应负责人	负责人员更替。解决方案：定期更新负责人信息	邮件反馈给对应负责人

用 RPA 思维优化传统 SAP 发票录入业务操作步骤如下。

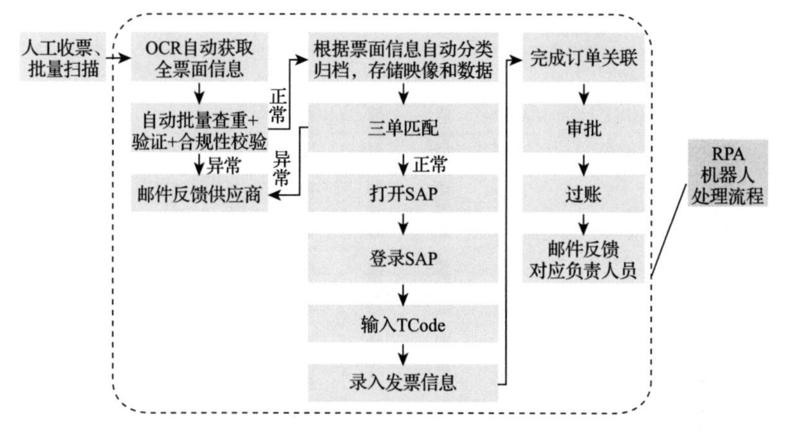

图 5-18　使用 RPA 智能机器人的业务流程

3. 熟悉和识别所需 RPA 产品控件

本节 SAP 业务场景是使用 iBot RPA 工具完成的。图 5-19 是容智 iBot RPA SAP 发票录入流程设计界面。

4. 在 RPA 工具中定义异常规则

SAP 发票录入业务场景的异常规则定义同样可以采用数据源异常处理规则、设备异常处理规则、环境异常处理规则这 3 个典型的异常规则。

5. SAP 发票录入 RPA 机器人工作过程

采用 RPA 智能机器人来完成 SAP 录入任务需要在容智 iBot RPA 智能机器人软件工具中完成如下 5 步的配置和执行。

1）设计 SAP 录入发票整体流程，如图 5-20 所示。

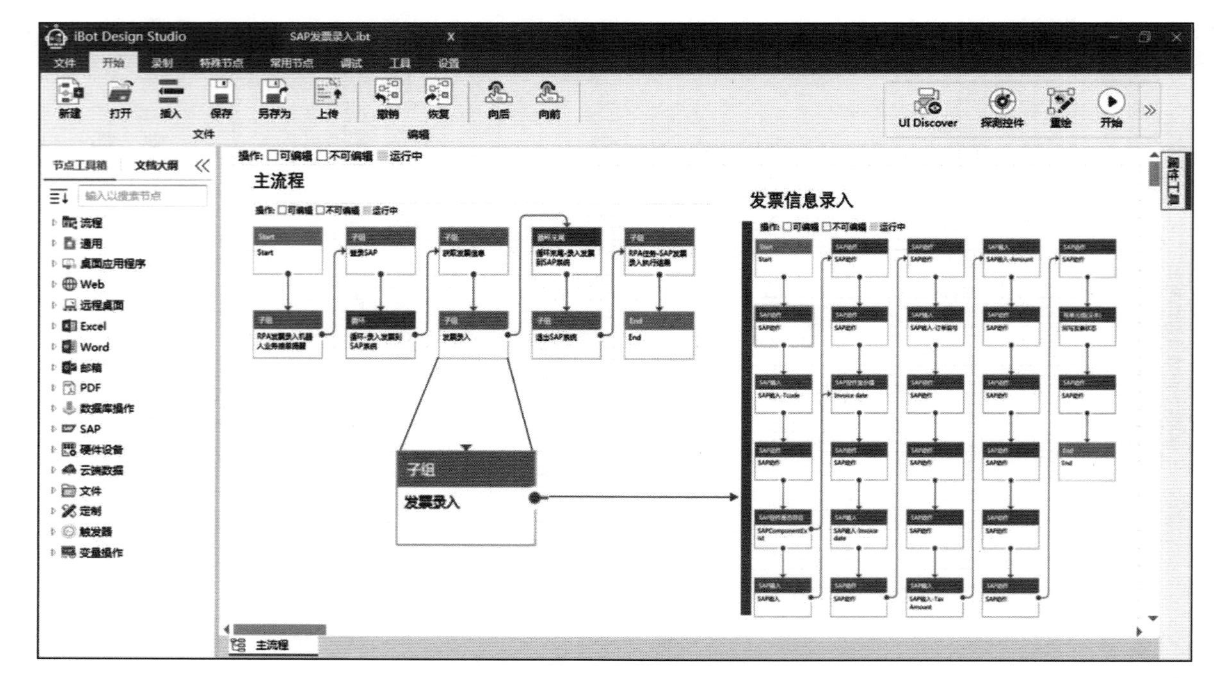

图 5-19　容智 iBot RPA SAP 发票录入流程设计界面

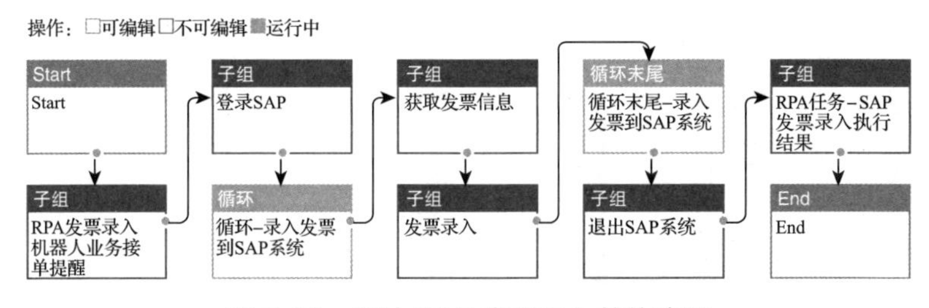

图 5-20　设计 SAP 发票录入整体流程

2）遍历待录入发票信息，第一个框为循环的索引，初始值为 0；第二个框为循环的条件，{345} 是系统自动生成的变量，此变量为获取需要录入发票的数量，如图 5-21 所示。

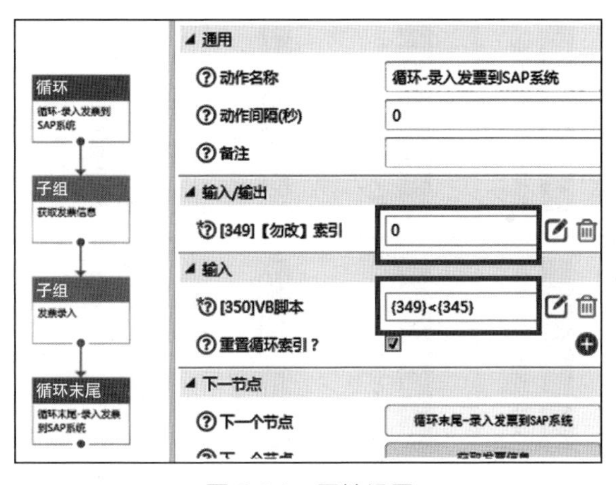

图 5-21　属性设置

3）设置发票信息录入流程，如图 5-22 所示。

4）录制 SAP 发票录入信息界面，图中加粗框中需要输入发票信息，如图 5-23 所示。

5）配置邮件发送信息，如图 5-24 所示。

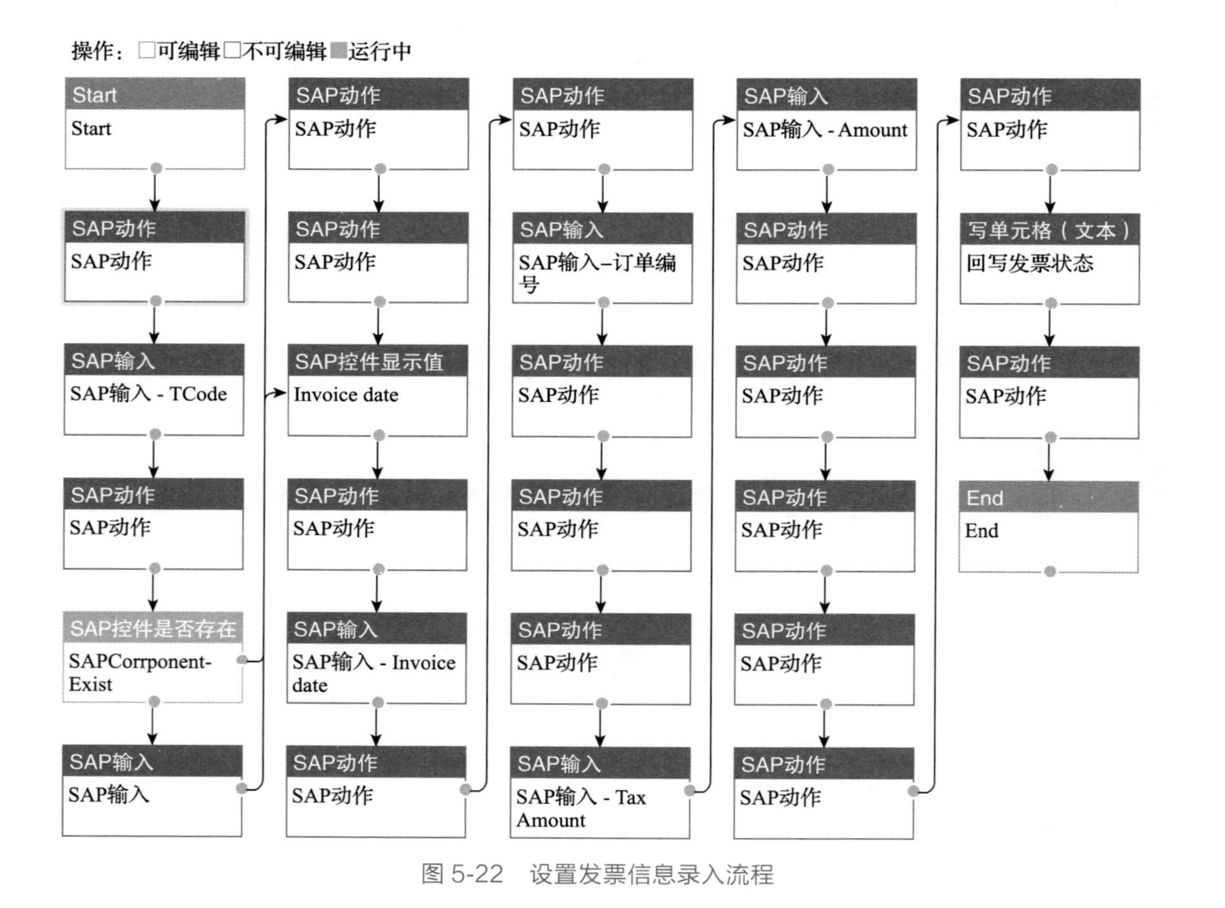

图 5-22　设置发票信息录入流程

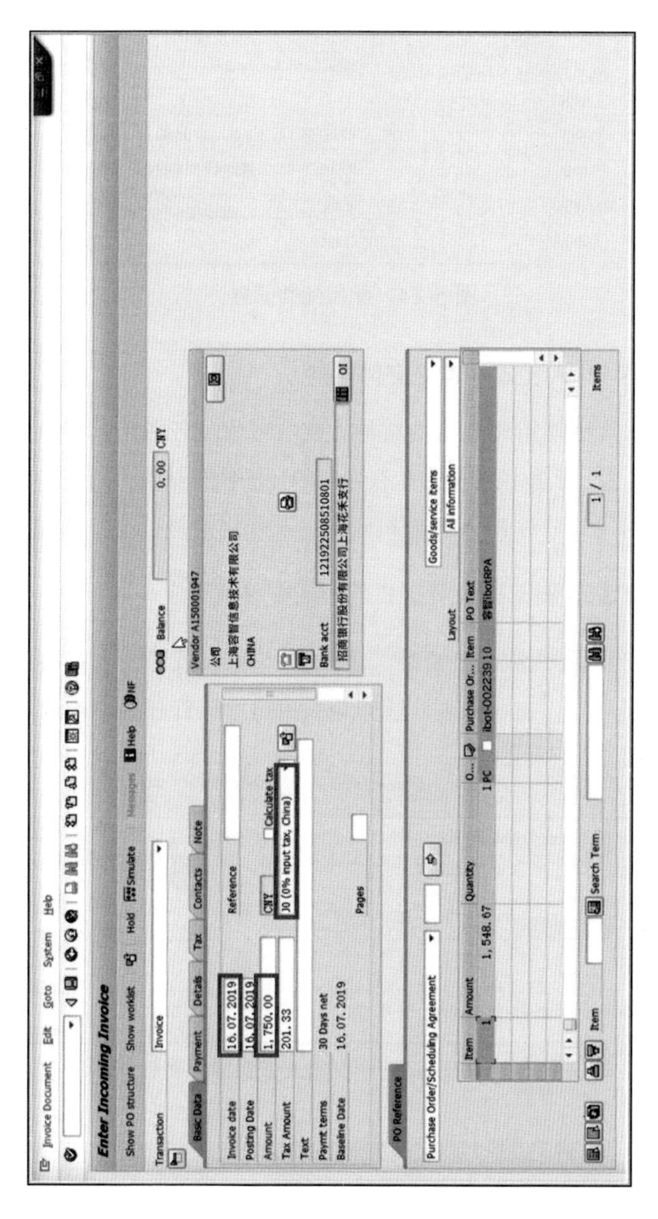

图 5-23　录制 SAP 发票录入界面

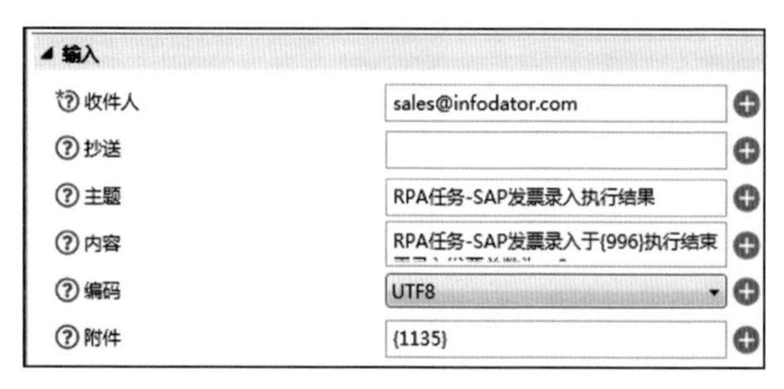

图 5-24　配置邮件信息

6. 在 RPA 工具中定义交付规则

交付规则是指 RPA 智能机器人接收或完成任务后，在什么时间节点、为什么角色、交付什么内容的任务执行结果，以便任务请求人和相关人员对 RPA 智能机器人的工作结果进行核查和确认。

SAP 发票录入 RPA 智能机器人的交付规则定义如下。

1）当机器人收到任务后，发送以“RPA 发票录入机器人业务接单提醒”为主题的邮件通知相关人员，告知任务已被成功接收，如图 5-25 所示。

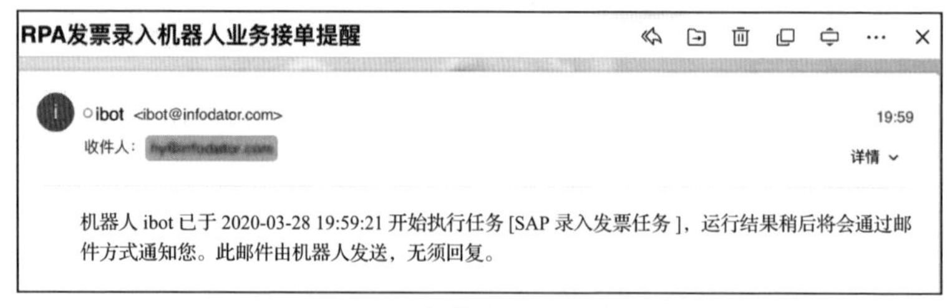

图 5-25　RPA 智能机器人任务接收通知

2）当机器人执行任务完成后，发送以“RPA 任务 - SAP 发票录入执行结果”为主题的邮件通知相关人员，告知任务执行情况，如图 5-26 所示。

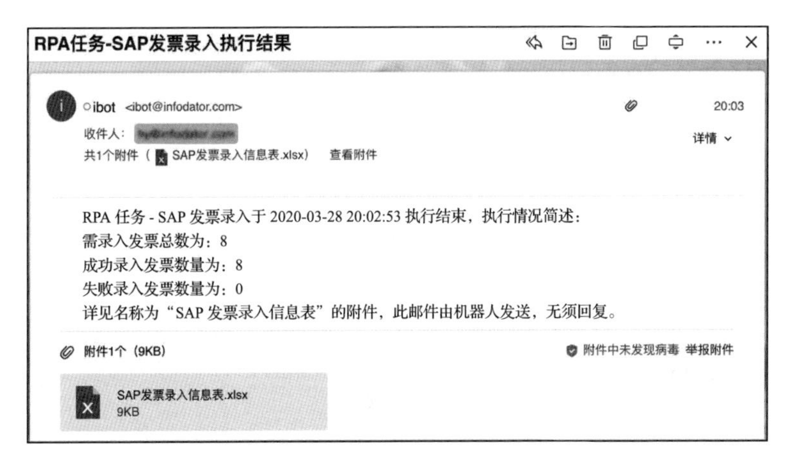

图 5-26　RPA 智能机器人任务完成通知

以示例邮件内容为例，邮件具体内容可以按需求设计。

- 需要录入发票总数。
- 成功录入发票数量。
- 失败录入订单数量。
- RPA 智能机器人会创建一个“SAP 发票录入信息表”文件作为附件，文件的内容是 SAP 待录入发票的信息以及每条记录的执行状态。

5.4.4　使用 RPA 智能机器人的收益

- 每千张发票录入人工耗时由 121.8 小时缩减到 5.2 小时。
- 实践证明，RPA 智能机器人工作效率约是人工处理的 24 倍，如图 5-27 所示。

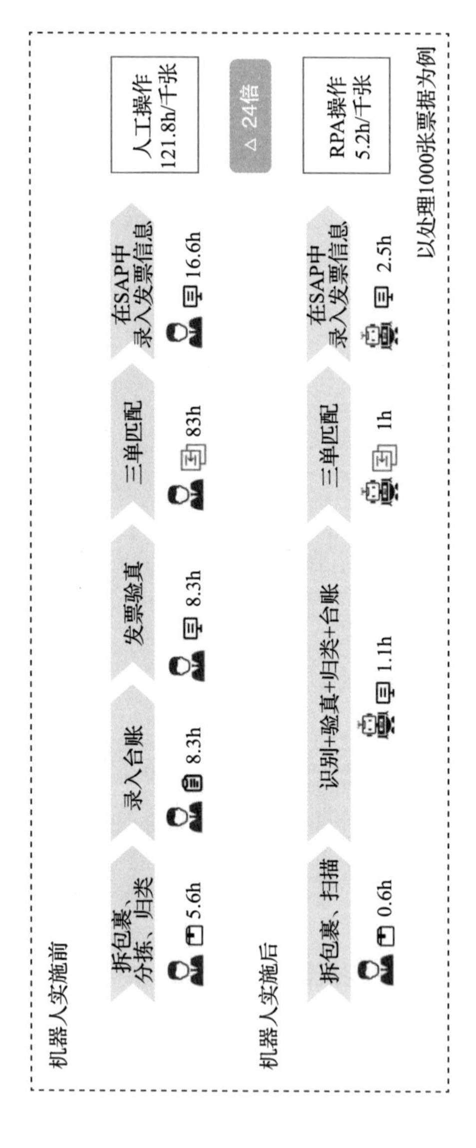

图 5-27　RPA 智能机器人实施的收益

5.4.5　SAP 发票录入 RPA 智能机器人的开发建议

- 尽量选取具备 OCR 识别能力及票据成熟组件的 RPA 方案作为发票录入的前置处理，以便提升整体流程执行效率，缩短流程设计时间和减少异常判断量。
- SAP 中有“发票检验”的模块，但通常增值税的开票内容与 SAP 系统中的物料名称不一致，其自带的检验功能实现预期的检验功效，建议在 SAP 录入发票前完成发票与订单信息的匹配。
- 为了提高三单匹配效率，建议在中间表中维护字段映射。通过 Excel 维护，方便业务人员编辑或新增。
- 发票接收存在业务高峰，建议随时扫描，切勿将票据堆积在月底。如遇问题票据也可即时自动反馈给供应商。
- 市面上针对票据信息识别及获取有票面 OCR 和扫描二维码两种方案。笔者倾向于推荐票面 OCR 的方式，原因为：第一，增值税票据为针式打印，普遍存在漏针情况，通常有 20%～40% 票据二维码无法直接扫描出来；第二，扫码枪单张扫描的方式效率相对低。
- RPA 智能机器人面对大批量的重复执行具有更好的收益。

5.5　SAP 物料价格维护 RPA 智能机器人

5.5.1　适用的业务场景

在 SAP 系统中，维护基础数据是一个工程浩大且烦琐的过程，制造业尤其甚之，其中包含构建产品所需的原材料、组件、子组件和其他材料的详细信息，是 SAP 中识别物料的基础依据。一些小的遗漏和数值的误差也可能导致物料不匹配、成本核算不准确、库存管理风险等问题，甚至会给企业带来难以估量的损失。

行业内部分数字化意识领先的企业会启用物料维护系统，通过接口的方式完成数据的维护。该方式的确可以节省大量时间，但物料价格仍需人工单独维护到系统内。

本节所介绍的物料价格维护 RPA 智能机器人可覆盖物料信息维护、物料信息更新和 BOM 维护等多场景，帮助企业避免物料维护过程中的人为错误，实现业务流程的规划化、自动化。

5.5.2 解决的业务痛点

- 物料价格维护涉及内容较多，耗时长。
- 物料新增需求和价格变更是不定时发生的，造成人工效率低。
- 物料价格维护具备很强的时效性。

5.5.3 SAP 物料价格维护 RPA 智能机器人开发过程

1. 理解和分析 SAP 物料价格维护的业务场景

首先，了解 SAP 物料价格维护业务场景，如表 5-9 所示。

表 5-9　SAP 物料价格维护业务场景

条目	业务操作动作
流程名称	物料价格维护
流程描述	邮件收到维护需求后，需立即在 SAP 中完成物料信息的维护或更新
需求部门	IT 部门
涉及人员	14 人
数据源及格式	邮件（.xlsx）
数据量	45 笔 / 天
执行频率	不定时
涉及系统	Excel、SAP、邮箱
网络环境	内网
反馈形式	邮件

然后，充分理解并分析当前的业务流程，如图 5-28 所示。

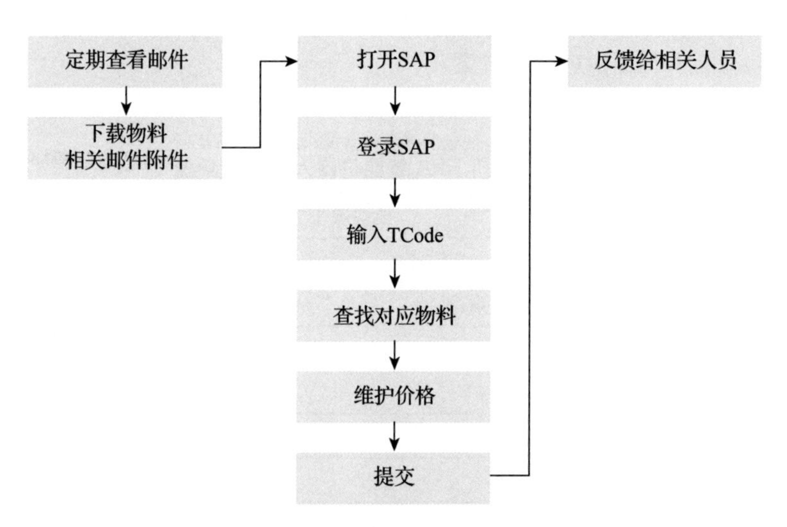

图 5-28　未使用 RPA 智能机器人的 SAP 物料价格维护业务流程

2. 用 RPA 思维拆解业务场景

在 SAP 系统中，物料价格维护业务的特点是涉及的内容广泛、业务规则基本固定、数据更新频率快、跨不同的系统等，这些业务特点符合 RPA 的实现原则，所以 RPA 智能机器人可以代替人工在 SAP 系统中完成物料价格维护。

用 RPA 思维来改造 SAP 系统物料价格维护，需要 SAP 功能顾问和 RPA 智能机器人实施顾问一起分析和拆解现有的操作步骤（如表 5-10 所示），合理分配需要人工执行部分和 RPA 智能机器人自动执行部分，寻找适合 RPA 智能机器人的步骤并进行风险分析（如表 5-11 所示），然后联合绘制 RPA 智能机器人实施后的新的业务流程图（如图 5-29 所示）。在设计新的业务流程时，同样应遵循前面的"SAP 发票录入 RPA 智能机器人"的设计原则，尽量覆盖所有可能会出现的异常情况，针对每个动作进行风险分析并提出对应处理方案。

表 5-10 分析 RPA 智能机器人的操作步骤

序号	业务操作
1	物料价格维护具有一定时效性，需要员工定期查看并过滤有效邮件
2	下载物料相关邮件附件
3	打开 SAP
4	登录 SAP
5	输入 TCode
6	查找对应物料
7	维护价格

（续）

序号	业务操作
8	提交
9	结果反馈给相关人员

表 5-11　业务操作动作优化和风险分析

序号	业务操作	风险分析	RPA 智能机器人操作
1	监控邮箱	—	监控邮箱，收到相关邮件后立即进行信息维护
2	下载物料相关邮件附件	—	下载物料相关邮件附件到指定目录
3	统一格式并转换成 txt 格式	格式不统一。解决方案：先规范量大的模板类型，再逐渐覆盖全部类型	机器人统一格式并转换成 txt 格式
4	打开 SAP	—	打开 SAP
5	登录 SAP	系统未响应或密码错误。解决方案：尝试有限数量的重复登录，如还无法登录则邮件反馈给用户	登录 SAP
6	输入 TCode	—	输入 TCode
7	导入 txt 文件	—	在指定目录下导入 txt 文件
8	提交	—	提交后，确认提交结果
9	通知相关人员	—	通知相关人员任务执行情况

3. 熟悉和识别所需 RPA 产品控件

由于不同公司的 RPA 智能机器人产品，用的技术也不相同，因此流程设计界面也不尽相同。图 5-30 是容智 iBot RPA SAP 物料价格维护流程设计界面。

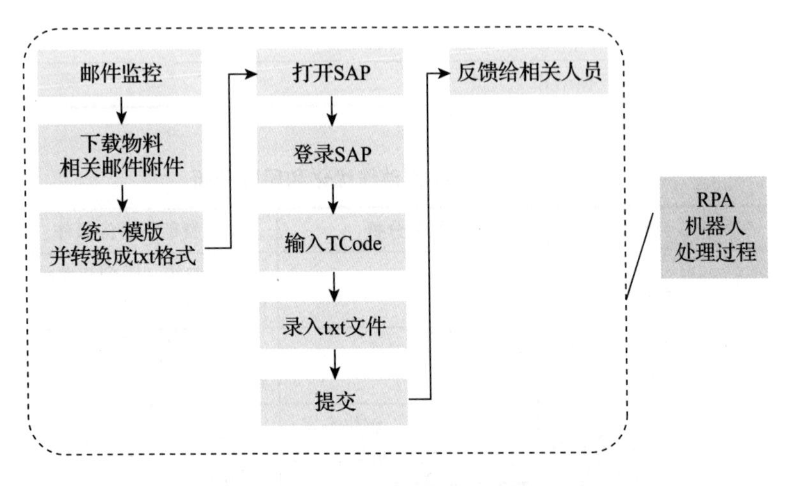

图 5-29　使用 RPA 智能机器人实施的业务流程

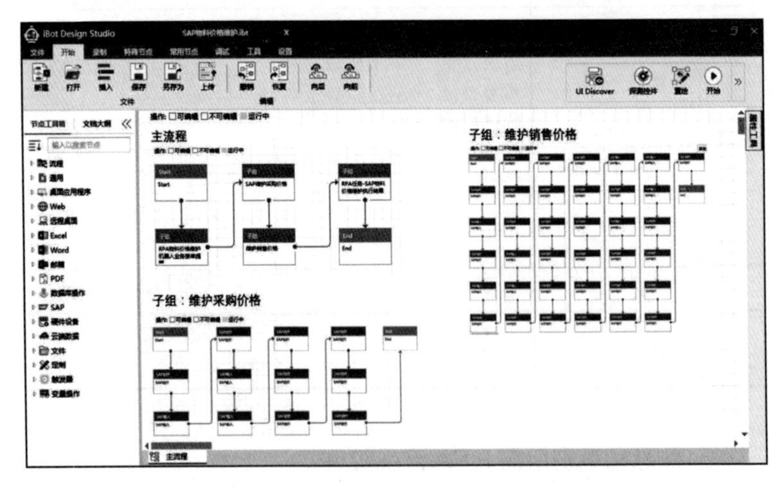

图 5-30　容智 iBot RPA SAP 物料价格维护流程设计界面

4. 在 RPA 工具中定义异常规则

SAP 物料价格维护业务场景的异常规则定义同样采用数据源异常处理规则、设备异常处理规则、环境异常处理规则。

5. SAP 物料价格维护 RPA 智能机器人工作过程

采用 RPA 智能机器人来完成 SAP 物料价格维护任务需要在容智 iBot RPA 智能机器人软件工具中完成如下 6 步的配置和执行。

1）设计 SAP 物料价格维护整体流程，如图 5-31 所示。

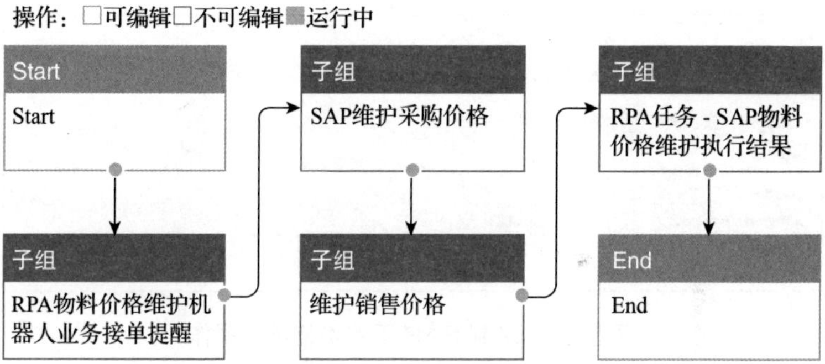

操作：□可编辑□不可编辑■运行中

Start
Start

子组
RPA物料价格维护机器人业务接单提醒

子组
SAP维护采购价格

子组
维护销售价格

子组
RPA任务 - SAP物料价格维护执行结果

End
End

图 5-31　设计 SAP 物料价格维护整体流程

2）设计 SAP 采购价格维护流程，如图 5-32 所示。

3）录制 SAP 采购价格维护操作，图中标注框需要输入组织名称和文件路径，如图 5-33 所示。

4）设计 SAP 销售价格维护流程，如图 5-34 所示。

5）录制 SAP 销售价格维护操作，图中标注框需要输入文件类型和文件路径，如图 5-35 所示。

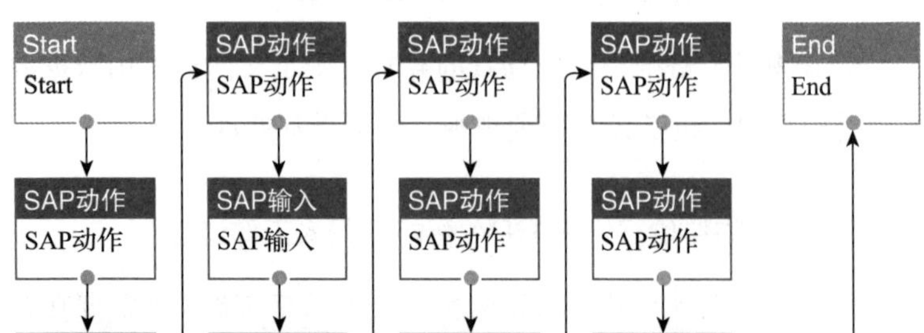

图 5-32　设计 SAP 采购价格维护流程

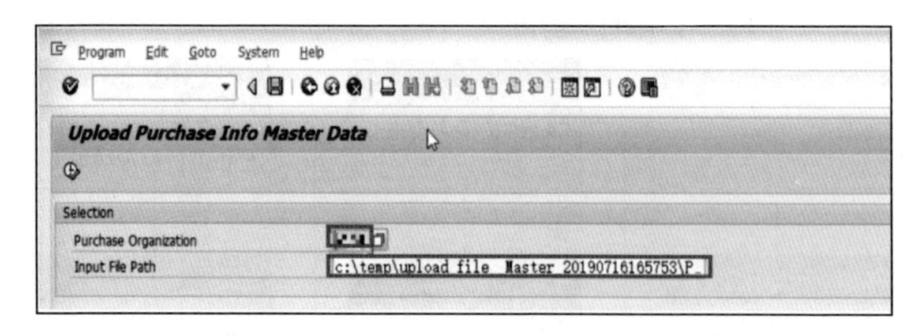

图 5-33　录制 SAP 采购价格维护操作

6）物料价格维护完成之后，配置邮件发送信息，附件 {1135} 为物料价格维护结果表，如图 5-36 所示。

6. 在 RPA 工具中定义交付规则

交付规则是指定义 RPA 智能机器人接收或完成任务后，在什么时间节点、为什么角色、交付什么内容的任务执行结果，以便任务请求人和相关人员对 RPA 智能机器人的工作结果进行核查和确认。SAP 物料维护 RPA 智能机器人交付规则定义如下。

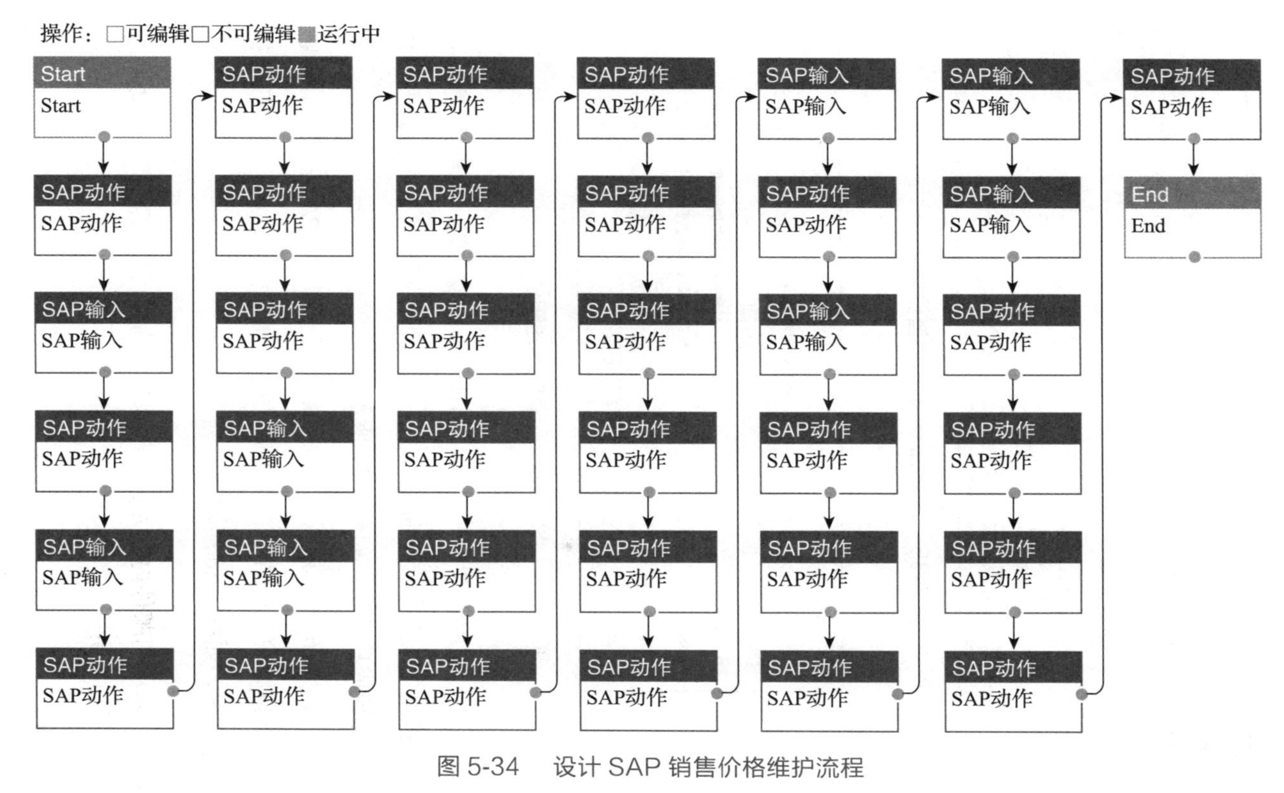

图 5-34　设计 SAP 销售价格维护流程

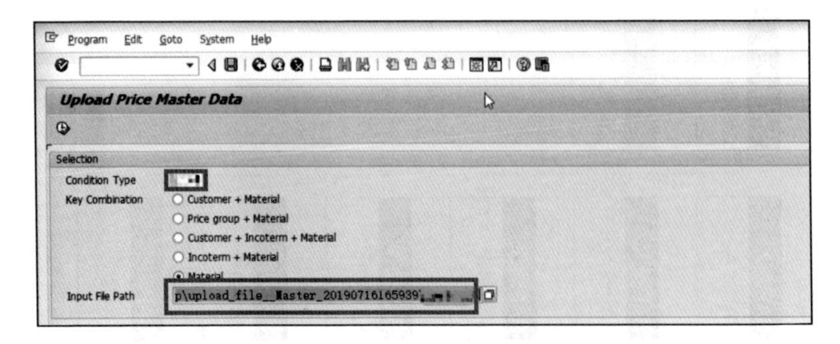

图 5-35　录制 SAP 维护销售价格维护动作

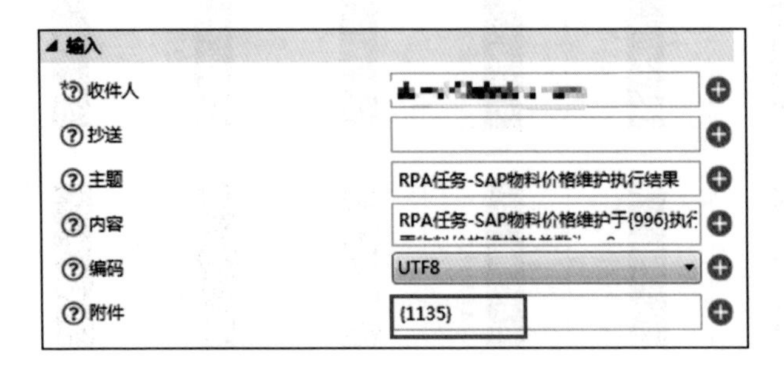

图 5-36　配置邮件通知信息

1）当 RPA 智能机器人收到任务后，发送以“RPA 物料价格维护机器人业务接单提醒”为主题的邮件通知相关人员，告知任务已被成功接收，如图 5-37 所示。

2）当机器人执行任务完成后，发送以“RPA 任务－SAP 物料价格维护执行结果”为主题的邮件通知相关人员，告知任务执行情况，如图 5-38 所示。

以示例邮件内容为例，邮件具体内容可以按需求进行设计。

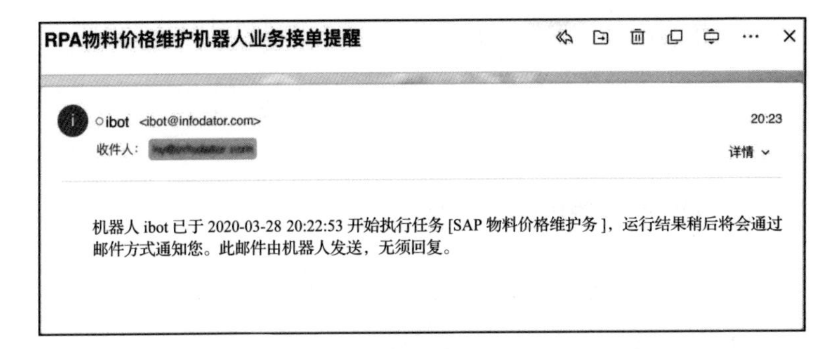

图 5-37　RPA 智能机器人任务接收告知通知

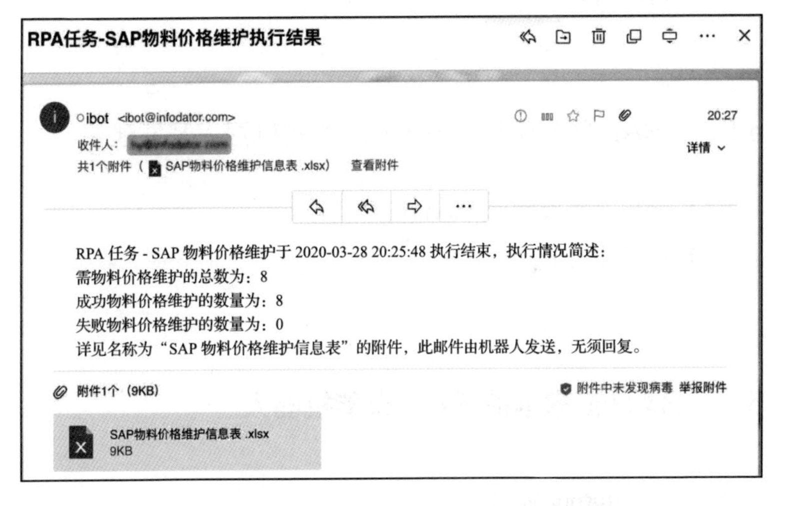

图 5-38　RPA 智能机器人完成任务告知通知

- 需要物料价格维护的总数。
- 成功物料价格维护的数量。
- 失败物料价格维护的数量。
- RPA 智能机器人会创建一个“SAP 物料价格维护信息表”

作为附件，附件内容是 SAP 物料价格维护的信息以及每条记录的执行状态。

5.5.4 RPA 智能机器人实施后的收益

- 全流程 RPA 自动化覆盖，完全释放人力。
- 单独维护模式转变为批量维护模式。
- 实践结果表明，RPA 智能机器人工作效率约是人工处理效率的 21.7 倍，如图 5-39 所示。

5.5.5 SAP 物料价格维护 RPA 智能机器人开发建议

- 分析业务场景批量执行的可能性。
- 尽可能将业务标准化、规范化，创造自动化最大收益。

5.6 SAP 汇率维护 RPA 智能机器人

5.6.1 适用的业务场景

SAP 管理汇率非常灵活，完全可以满足各公司汇率维护需求，无论是买入汇率、卖出汇率、中间平均汇率还是结算汇率等。不过遗憾的是，在数量过大的情况下，用户使用起来会有些麻烦。RPA 智能机器人可以帮助用户解决这个问题。

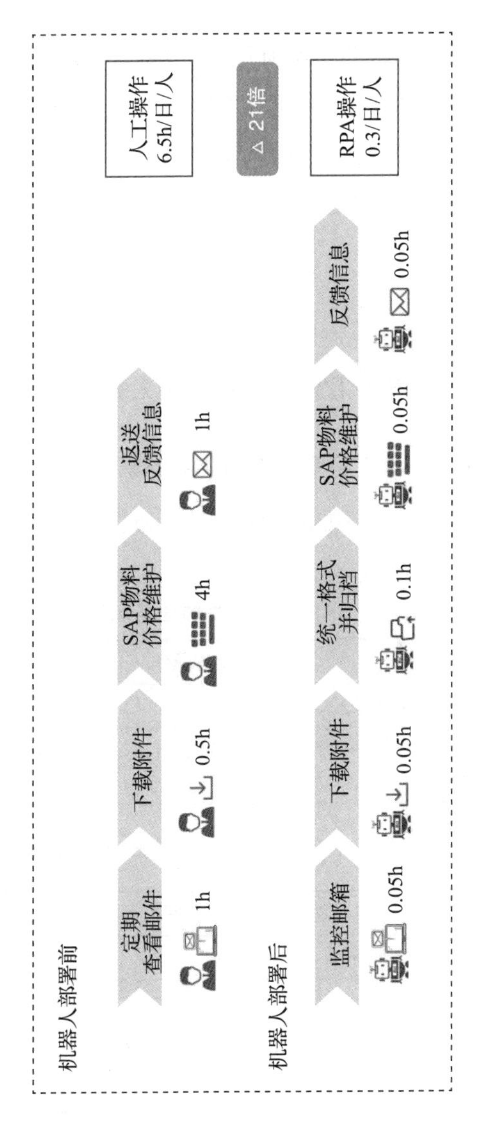

图 5-39　使用 RPA 智能机器人的收益

5.6.2　解决的业务痛点

- 汇率是动态变化的，人为监控很困难。
- 人为操作网站数据的获取和筛选，比较困难。
- 汇率的微小差别在交易层面存在巨大差异。
- 特殊情境：如每周五维护一次，如何进行工作日判断和处理。

5.6.3　SAP 汇率维护 RPA 智能机器人开发过程

1. 理解和分析 SAP 汇率维护的业务场景

首先，了解 SAP 汇率维护业务场景，如表 5-12 所示。

表 5-12　SAP 汇率维护的业务场景

条　目	业务操作
流程名称	SAP 汇率维护
流程描述	定期根据中国人民银行发布的当日汇率在 SAP 中完成自动维护
需求部门	财务部
涉及人员	1 人
数据源及格式	中国人民银行货币政策司平台网页页面数据
数据量	24 种货币维护
执行频率	4 次 / 月
涉及系统	SAP、中国人民银行货币政策司平台
网络环境	内 / 外网
反馈形式	邮件

然后，充分理解并分析当前的业务流程，如图 5-40 所示。

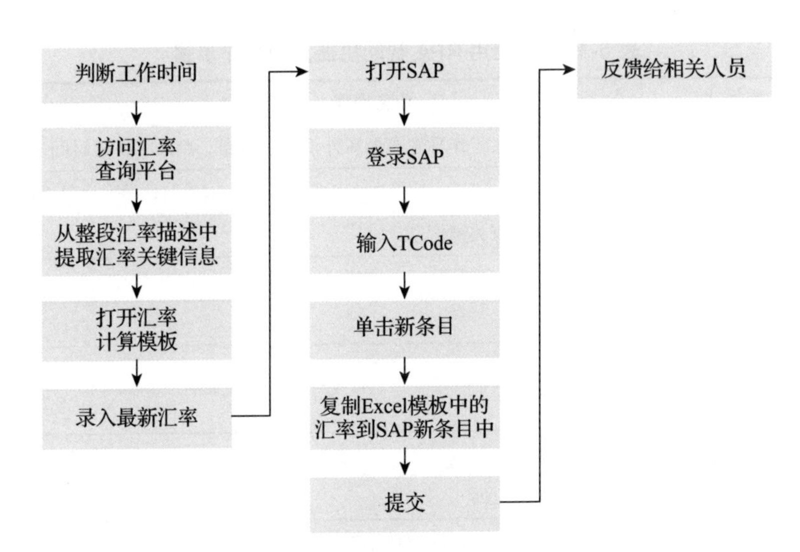

图 5-40　未使用 RPA 智能机器人的 SAP 汇率维护业务流程

2. 用 RPA 思维拆解业务场景

SAP 汇率维护业务包括定期根据中国银行发布的当日汇率在 SAP 中完成自动维护频繁更新、规则固定、重复劳动多、跨不同的系统等，这些业务特点符合 RPA 的实现原则，所以 RPA 智能机器人可以代替人工在 SAP 系统中完成汇率维护业务。

用 RPA 思维来改造 SAP 汇率维护业务场景，需要 SAP 功能顾问和 RPA 智能机器人实施顾问一起分析和拆解现有的操作步骤（如表 5-13 所示），合理分配需要人工执行部分和 RPA 智能机器人自动执行部分，寻找适合 RPA 智能机器人的步骤并进行风险分析（如表 5-14 所示），然后联合绘制出 RPA 智能机器人实施后的新的业务流程图（如图 5-41 所示）。

表 5-13　未使用 RPA 智能机器人的操作步骤

序号	业务操作
1	根据汇率平台特性仅在工作日发布最新外汇交易价格，判断工作日时间
2	访问汇率平台
3	从整段汇率描述中提取关键信息
4	打开本地 Excel 汇率计算模版
5	录入最新汇率
6	打开 SAP
7	登录 SAP
8	输入 TCode:ob08
9	单击新条目新建汇率页面
10	将 Excel 模板内的信息维护到新条目中
11	提交保存
12	结果反馈给相关人员

表 5-14　业务操作动作优化和风险分析

序号	业务操作	风险分析	RPA 智能机器人操作
1	判断工作日时间	每年的周末及法定休息日都有差异。解决方案：获取当年节假日信息并记录	非法定节假日的每周五 9:00 执行任务
2	访问汇率查询平台	—	切换外网访问汇率平台
3	从汇率描述中提取汇率关键信息	平台发布的格式变更。解决方案：获取信息后立即校验模板，及时根据新模板生成的信息反馈给人工确认	准确解析出汇率结果
4	打开汇率计算模板	—	打开汇率计算模板

（续）

序号	业务操作	风险分析	RPA 智能机器人操作
5	录入最新汇率	—	录入最新汇率
6	打开 SAP	—	切换内网环境并打开 SAP
7	登录 SAP	系统未响应或密码错误。解决方案：尝试有限数量的重复登录，如还无法登录则邮件反馈给用户	登录 SAP
8	输入 TCode	—	输入 TCode
9	新建条目	—	新建条目
10	复制模板内汇率到新条目中	—	复制模板内汇率到新条目中
11	提交保存	—	提交保存
12	反馈给相关人员	—	反馈给相关人员

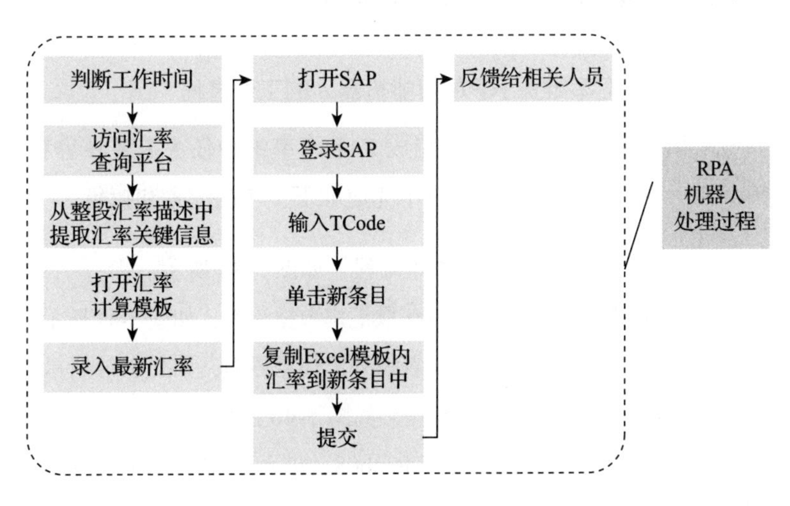

图 5-41　RPA 智能机器人实施后的流程

在设计 SAP 汇率维护新的业务流程时，同样可应遵循前面的 SAP 物料价格维护 RPA 智能机器人的设计原则，尽量覆盖所有可能会出现的异常情况，针对每个动作进行风险分析并提出对应处理方案。

3. 熟悉和识别所需 RPA 产品控件

本节 SAP 业务场景是使用容智 iBot RPA 工具完成的。容智 iBot RPA SAP 汇率维护流程设计界面，如图 5-42 所示。

4. 在 RPA 工具中定义异常规则

SAP 汇率维护业务场景的异常规则定义和 5.5 节的场景类似，同样可以采用数据源异常处理规则、设备异常处理规则、环境异常处理规则这 3 个典型的异常规则。

5. SAP 汇率维护 RPA 智能机器人的工作过程

采用 RPA 智能机器人来完成 SAP 汇率维护任务需要在容智 iBot RPA 智能机器人软件工具中完成如下 7 步的配置和执行。

1）设计 SAP 汇率维护主体流程，如图 5-43 所示。

2）设计登录中国人民银行获取汇率数据流程，如图 5-44 所示。

3）录制登录中国人民银行获取外汇信息界面，如图 5-45 所示。

4）设计 SAP 汇率维护流程，如图 5-46 所示。

5）在顶部输入框输入 TCode:ob08，进入 SAP 汇率维护界面，如图 5-47 所示。

6）录制 SAP 汇率维护界面，如图 5-48 所示。

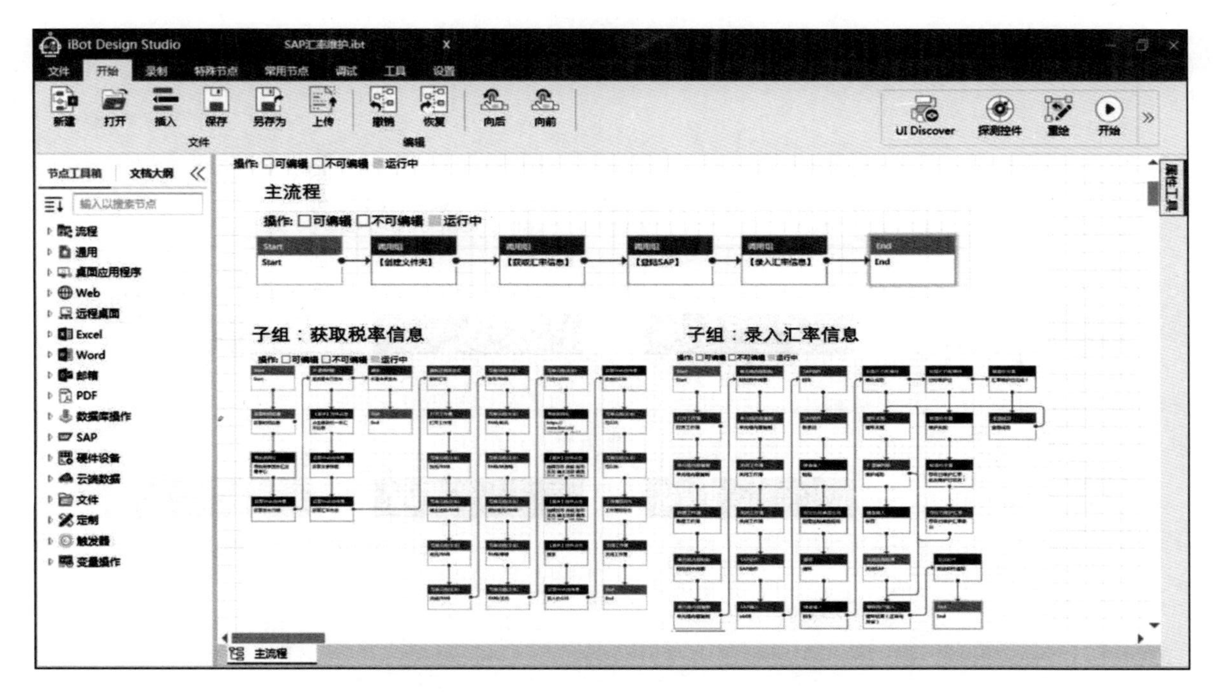

图 5-42　容智 iBot RPA SAP 汇率维护流程设计界面

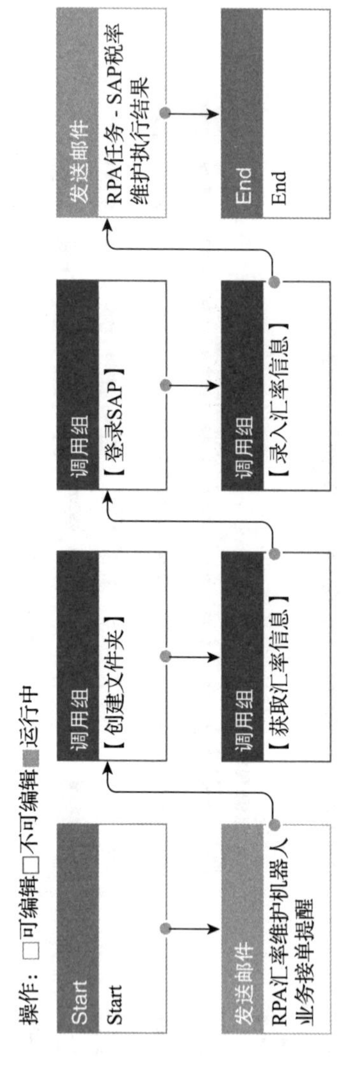

图 5-43 容智 iBot RPA 中设计 SAP 汇率维护主体流程

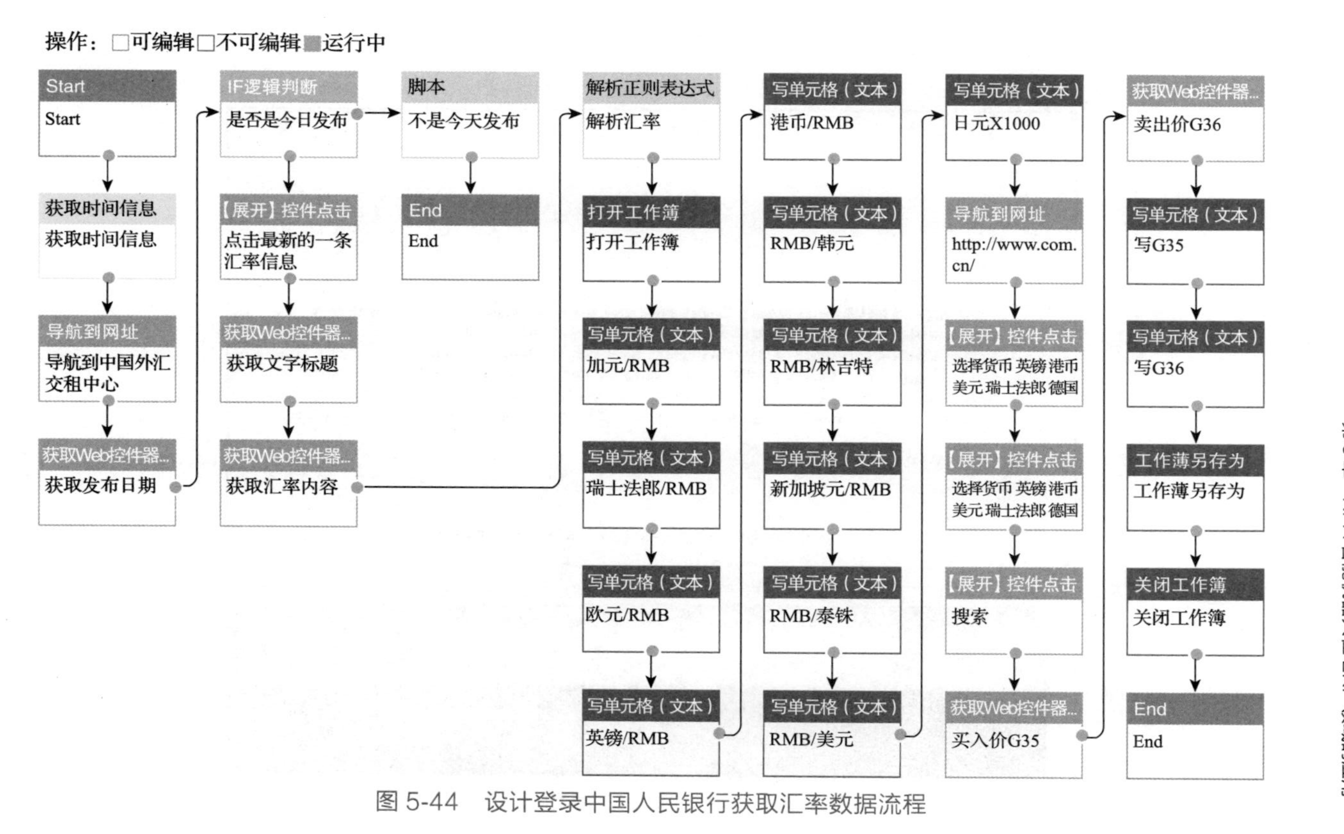

图 5-44　设计登录中国人民银行获取汇率数据流程

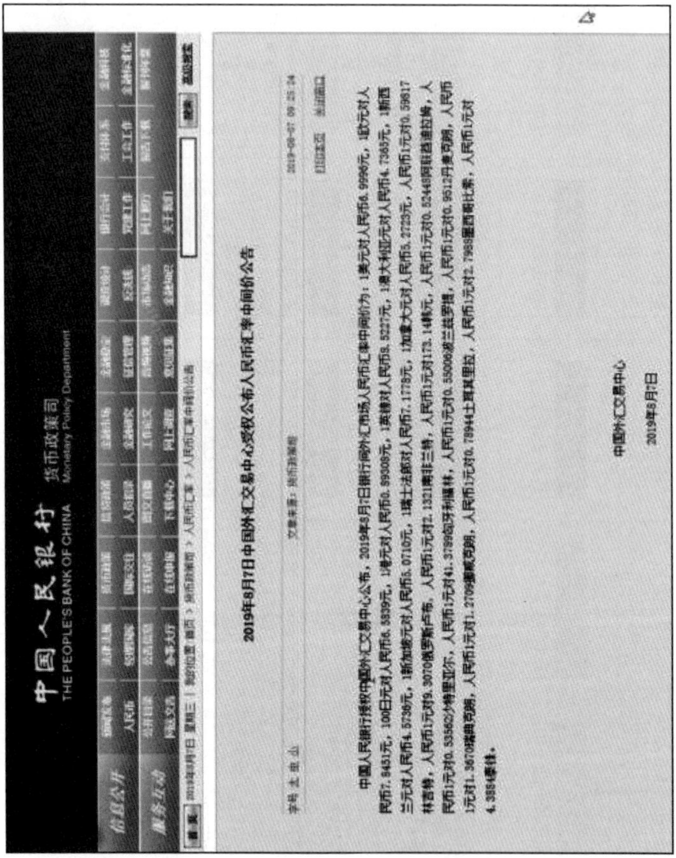

中国人民银行 货币政策司
THE PEOPLE'S BANK OF CHINA Monetary Policy Department

信息公开 服务互动

首页 2019年8月7日 星期三 | 我的位置:首页 > 货币政策司 > 人民币汇率 > 人民币汇率中间价公告

2019年8月7日中国外汇交易中心受权公布人民币汇率中间价公告

字号 大 中 小　　文章来源：货币政策司　　2019-08-07 09:25:24

打印本页　关闭窗口

中国人民银行授权中国外汇交易中心公布，2019年8月7日银行间外汇市场人民币汇率中间价为：1美元对人民币6.9996元，1欧元对人民币7.8451元，100日元对人民币6.5839元，1港元对人民币0.89308元，1英镑对人民币8.5227元，1澳大利亚元对人民币4.7365元，1新西兰元对人民币4.5736元，1新加坡元对人民币5.0710元，1瑞士法郎对人民币7.1778元，1加拿大元对人民币5.2723元，人民币1元对0.59817林吉特，人民币1元对9.3070俄罗斯卢布，人民币1元对2.1321南非兰特，人民币1元对173.14韩元，人民币1元对0.52448阿联酋迪拉姆，人民币1元对0.53562沙特里亚尔，人民币1元对41.3799匈牙利福林，人民币1元对0.55006波兰兹罗提，人民币1元对0.9512丹麦克朗，人民币1元对1.3670瑞典克朗，人民币1元对1.2709挪威克朗，人民币1元对0.78944土耳其里拉，人民币1元对2.7988墨西哥比索，人民币1元对4.3884泰铢。

中国外汇交易中心

2019年8月7日

图 5-45　录制获取外汇信息界面

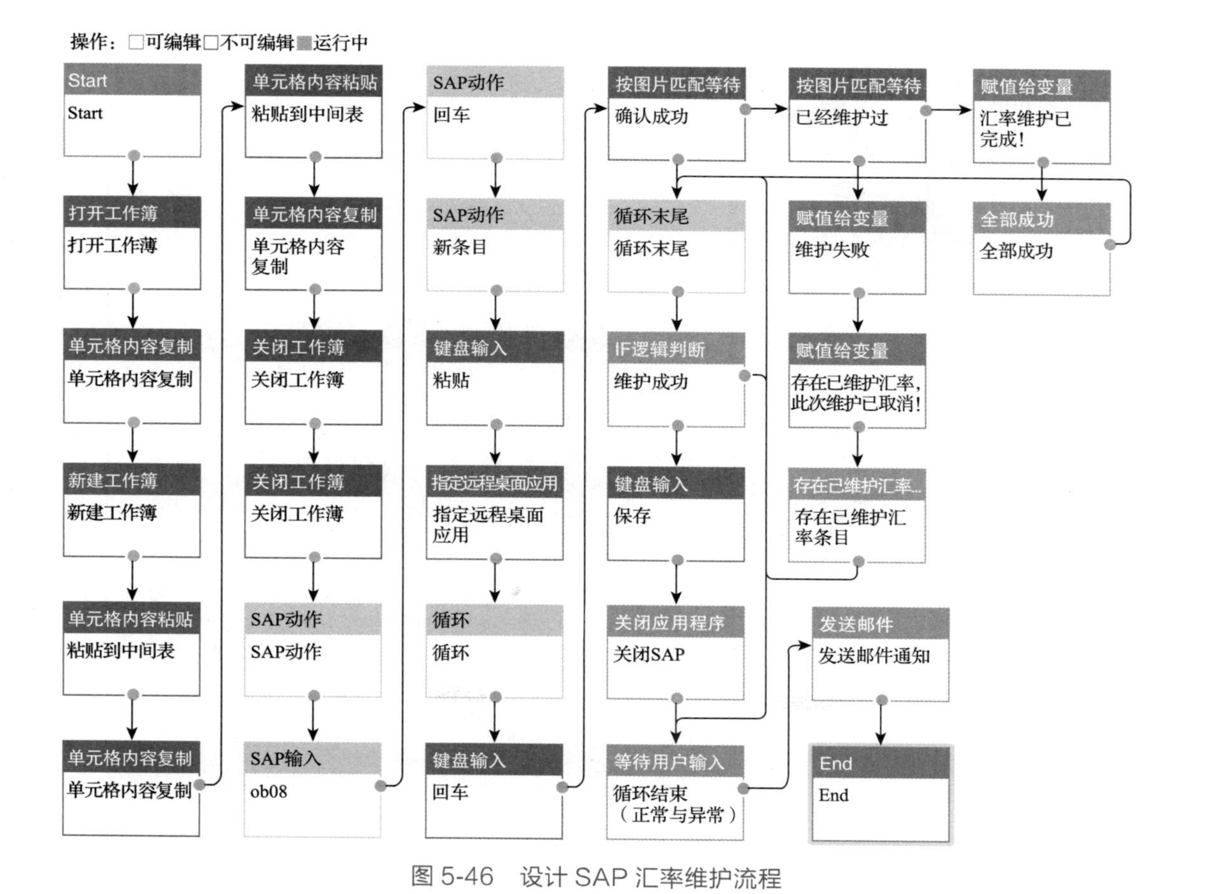

图 5-46　设计 SAP 汇率维护流程

图 5-47　输入 TCode

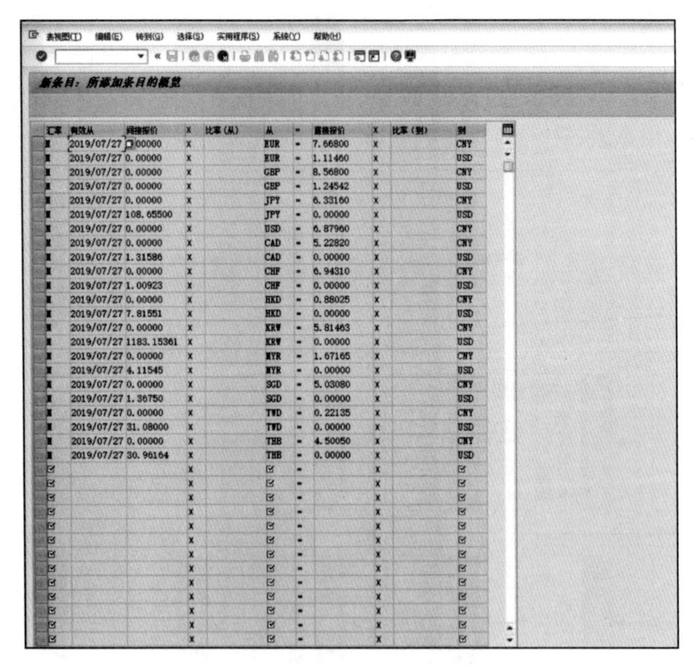

汇率	有效从	间接报价	X	比率（从）	从	=	直接报价	X	比率（到）	到
M	2019/07/27	0.00000	X		EUR	=	7.66800	X		CNY
M	2019/07/27	0.00000	X		EUR	=	1.11460	X		USD
M	2019/07/27	0.00000	X		GBP	=	8.56800	X		CNY
M	2019/07/27	0.00000	X		GBP	=	1.24542	X		USD
M	2019/07/27	0.00000	X		JPY	=	6.33160	X		CNY
M	2019/07/27	108.65500	X		JPY	=	0.00000	X		USD
M	2019/07/27	0.00000	X		USD	=	6.87960	X		CNY
M	2019/07/27	0.00000	X		CAD	=	5.22820	X		CNY
M	2019/07/27	1.31586	X		CAD	=	0.00000	X		USD
M	2019/07/27	0.00000	X		CHF	=	6.94310	X		CNY
M	2019/07/27	1.00923	X		CHF	=	0.00000	X		USD
M	2019/07/27	0.00000	X		HKD	=	0.88025	X		CNY
M	2019/07/27	7.81551	X		HKD	=	0.00000	X		USD
M	2019/07/27	0.00000	X		KRW	=	5.81463	X		CNY
M	2019/07/27	1183.15361	X		KRW	=	0.00000	X		USD
M	2019/07/27	0.00000	X		MYR	=	1.67165	X		CNY
M	2019/07/27	4.11545	X		MYR	=	0.00000	X		USD
M	2019/07/27	0.00000	X		SGD	=	5.03080	X		CNY
M	2019/07/27	1.36750	X		SGD	=	0.00000	X		USD
M	2019/07/27	0.00000	X		TWD	=	0.22135	X		CNY
M	2019/07/27	31.08000	X		TWD	=	0.00000	X		USD
M	2019/07/27	0.00000	X		THB	=	4.50050	X		CNY
M	2019/07/27	30.96164	X		THB	=	0.00000	X		USD

图 5-48　录制 SAP 汇率维护界面

7）汇率维护完成之后，配置邮件发送信息，附件 {1168} 为汇率维护表，如图 5-49 所示。

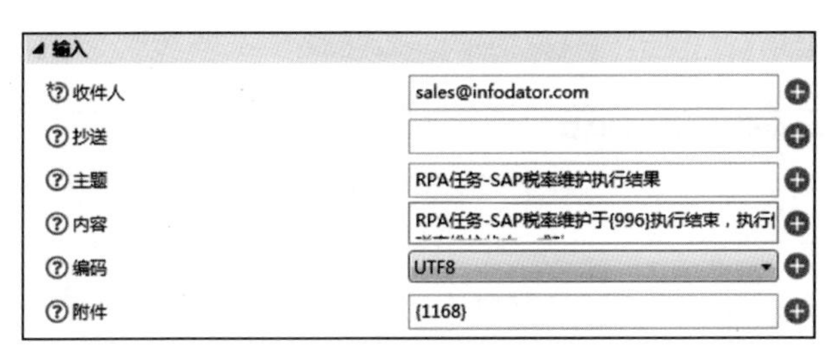

图 5-49 配置邮件发送信息

6. 在 RPA 工具中定义交付规则

交付规则是指 RPA 智能机器人接收或完成任务后，在什么时间节点、为什么角色、交付什么内容的任务执行结果，以便任务请求人和相关人员对 RPA 智能机器人的工作结果进行核查和确认。SAP 汇率维护 RPA 智能机器人交付规则定义如下。

1）当机器人收到任务后，发送以“RPA 汇率维护机器人业务接单提醒”为主题的邮件通知相关人员，告知任务已被成功接收，如图 5-50 所示。

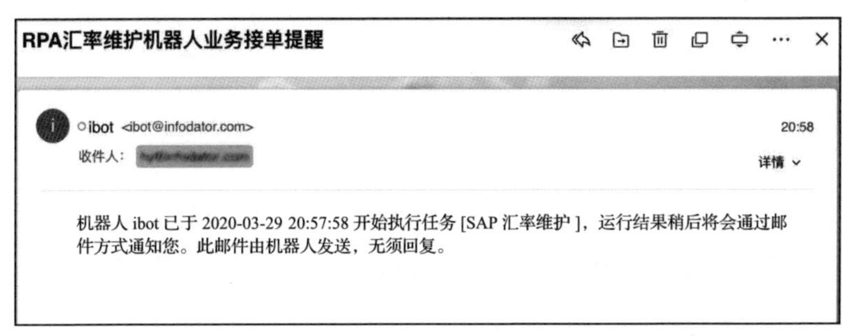

图 5-50 RPA 智能机器人任务接收告知通知

2）当机器人执行任务完成后，发送以“RPA 任务 – SAP 汇率维护执行结果”为主题的邮件通知相关人员，告知任务执行情况，如图 5-51 所示。

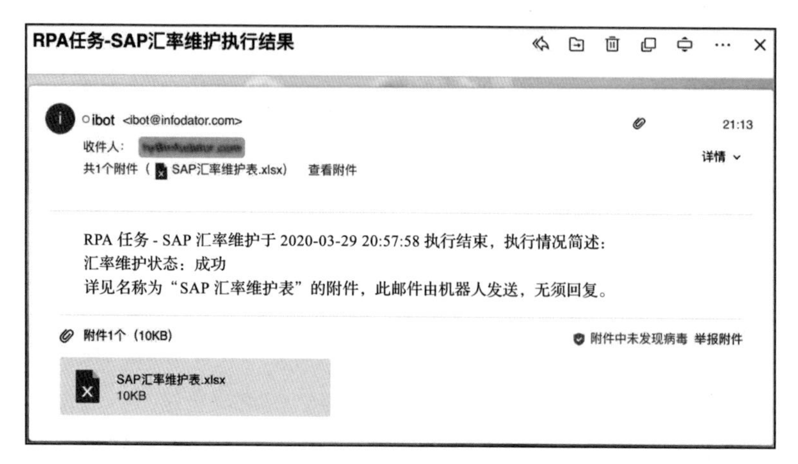

图 5-51　RPA 智能机器人完成任务告知通知

以示例邮件内容为例，邮件具体内容可以按需求进行设计。

- 汇率维护状态。
- RPA 智能机器人会创建一个“SAP 汇率维护表”作为附件，附件内容是 SAP 汇率情况以及每条记录的执行状态。

5.6.4　使用 RPA 智能机器人的收益

- 全流程汇率 RPA 机器人自动化覆盖，完全释放人力。
- 高效、准确，保障 SAP RPA 价格、成本及对账等任务的运行基础，降低误差。
- 实践结果表明，RPA 智能机器人工作效率是人工处理效率的 9 倍，如图 5-52 所示。

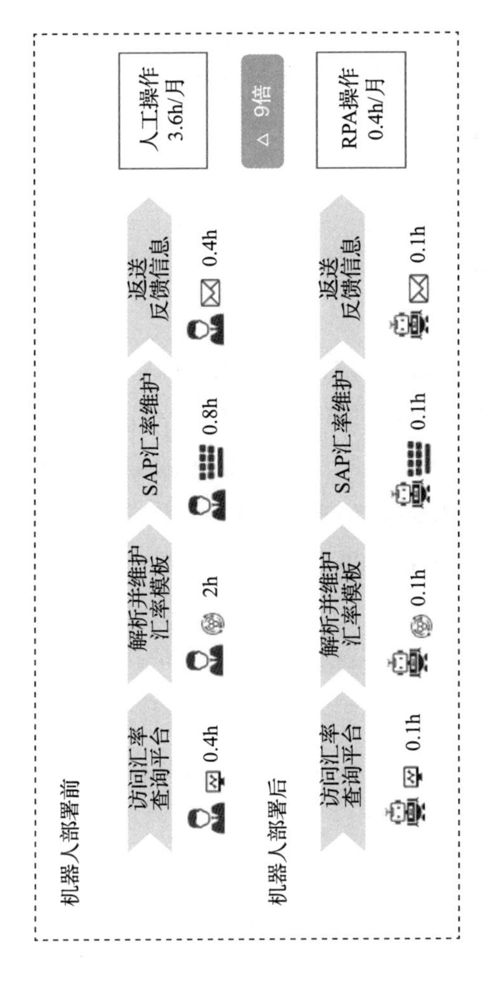

图 5-52　使用 RPA 智能机器人的收益

5.6.5 SAP 汇率维护 RPA 智能机器人开发建议

汇率核算具有固定差异性，建议根据差异建立 Excel 模板，选择能兼容 Excel 公式的 RPA 工具维护模版，获取汇率段落信息并解析后，将网页获取的汇率信息录入 Excel 模板后进行自动换算。

5.7 本章小结

本章核心内容是 RPA 智能机器人在 SAP ERP 业务场景中的使用，主要以 RPA 智能机器人与 SAP 订单录入、SAP 发票录入、SAP 物料价格维护和 SAP 汇率维护业务场景相结合，介绍如何用 RPA 思维拆分和优化 SAP 业务场景，启发大家分享 SAP ERP 业务场景的 RPA 思考方式、实施方法以及 RPA 智能机器人实施后的收益。

|附录 A| APPENDIX

互联云时代，ERP 在现代企业管理中的作用

物联网、云计算、大数据以及人工智能等科技浪潮，不断推动着社会向前发展，逐渐改变着我们的生活。企业管理也紧跟科技在变革。各个行业、各种规模的企业都需要使用 ERP 系统来管理业务流程。对于企业来说，ERP 是它们生命的一部分。在过去的 20 年，ERP 在全球经济以及社会发展中起到了很大的作用。随着云计算新兴技术的日趋成熟，已经逐步深入应用到很多领域。如今，我们一直在谈论的 ERP 已逐步演变为全新架构的云 ERP。云 ERP 结合了更多的互联网技术，如 RPA 智能机器人、机器学习、人工智能等，再次得到现代企业的高度认可，且正以全

新的态势促进现代企业的发展，影响现代企业的管理变革。

ERP 的核心是管理企业业务流程，而 RPA 智能机器人的作用就是解决企业业务流程中可以用机器代替人工操作的环节，即“ERP 是 RPA 最好的土壤，而 RPA 是 ERP 最好的助手”。

A.1 ERP 定义

从项目实施角度看，ERP 是一套管理软件；从微观上看，ERP 是一个企业管理平台；从宏观上看，ERP 是一种管理系统。几种比较权威也比较普遍的定义如下。

1）ERP（Enterprise Resourse Planning，企业资源规划）是由美国著名的计算机技术咨询和评估公司 Gartner，在 20 世纪 90 年代提出的一整套企业管理系统体系标准。

2）ERP 是最早适用于制造企业且具有代表性的一种管理技术。

3）ERP 是物流、人流、财流、信息流集成一体化的企业管理软件。

4）ERP 是 20 世纪 90 年代以来在国际上通行的、以现代化的先进管理思想为基础的、应用现代信息技术的一种管理系统。

5）ERP 是为企业全方位提供决策、计划、控制和经营业绩评估的管理平台。

6）ERP 是在企业信息化管理基础上促进企业变革的一种管理思想。

ERP 管理理论随着市场需求的复杂性增加、市场竞争加剧、信息全球化以及新兴技术变革，也在不断延伸。

A.2　ERP 演变过程

ERP 演变过程包括以下几个重要的阶段，在演变中不仅满足了企业生产的实际需求，更是逐步演变成有价值主张的思想。

1）20 世纪 60 年代，企业管理者为了打破制造业中“发出订单、然后催办”的计划管理模式，在管理上做了改进，设置了安全库存量用于周转缓冲，这是 ERP 的萌芽。

2）20 世纪 70 年代，企业管理者在实践中总结发现，真正的需求是有效的订单交货日期，于是产生了对物料清单的管理与利用，形成了物料需求计划（Material Requirement Planning，MRP），即基本 MRP，这是 ERP 的雏形。

3）20 世纪 80 年代，企业管理者在实践中又总结发现，制造业要有一个集成的计划，以解决生产中的各种问题。于是通过生产与库存控制的集成方法来解决问题，形成了制造资源计划（Manufacturing Requirement Planning，MRP）。它比基本 MRP 更广义，为了区分，称为 MRP-Ⅱ。其主要特征是以生产和库存控制的集成方法来解决问题，而不是以库存来弥补或以缓冲的方法去补偿，这是最早成型的 ERP。

4）20 世纪 90 年代，信息技术不断向制造业管理渗透，并且为了实现产能、质量和交期的完美统一，需要解决库存、生产控制问题。这些业务需要处理大量、复杂的企业资源信息，要求信息处理的效率更高，然而传统的管理方法和理论已经无法满足系统的需要。信息全球化趋势的发展要求企业之间加强信息交流与信息共享。企业之间既是竞争对手，又是合作伙伴，信息管理要求扩大到整个供应链的管理，这些不是 MRP-Ⅱ能解决的。1990年，Gartner 率先提出 ERP（Enterprise Resourse Planning，企业资源管理规划）的概念。

5）21 世纪初期，Gartner 在原有 ERP 的基础上进行扩展，提出新概念 ERP-Ⅱ（Enterprise Resource Planning-Ⅱ，企业资源管理规划 -Ⅱ）。ERP-Ⅱ是通过支持和优化公司内部以及公司之间的协作运营，帮助客户和股东创造价值的一种商务战略，是一套面向具体行业领域的应用系统。ERP-Ⅱ的适用领域突破了 ERP，开始包括 CRM 和 SCM，还包括非制造业。至今，大家还是习惯性地称其为 ERP。

6）21 世纪第一个 10 年，云计算技术经过近 10 年的发展，已经深入应用到各个领域。传统 ERP 也顺应 IT 技术发展，与新型的技术进行有机融合，成为“云 ERP”，并且在模式了上也做了改变。这种新型模式下的用户不用再购买软件，而是以向提供商租用基于 Web 的软件来管理企业，而且无须对软件进行维护，服务提供商会全权管理和维护软件。同时，“云 ERP”也增加了物联网、人工智能、机器学习以及运维自动化等新的内容。

A.3 ERP 在现代企业管理中的作用

ERP 最初是为满足制造业的物料管理而生，后来不断延伸和发展，至今它的直接作用就是对企业的人、财、物、信息、时间以及空间等各种资源进行平衡和优化管理，以满足市场需求为导向，协调企业不同职能部门联动地进行业务活动，从而提高企业的核心竞争力，使企业收获最佳效益。但随着应用的不断深入和广泛应用，ERP 已经演变成一种思想和一种管理理念。

当前，ERP 已经在国内外的各类企业中得到广泛的应用，并且取得了显著的成效。这证明了 ERP 在企业管理中的有效性和巨大的应用价值，以及在提高企业管理水平和经济效益中起到的重要作用。

首先，ERP 在企业资源管理和生产目标上，依然发挥其独有的重要作用。企业资源主要包括人、财、物、信息 4 个方面。企业通过 ERP 系统把企业资源以及对应的信息流、资金流、管理流、物流等整个供应链紧密地集成起来，实现资源的优化和数据的共享。ERP 系统整合了企业内部大部分的经营活动，如财务管理、销售和分销管理、生产计划管理、物料管理、物流管理等主要功能模块，从而达到企业效率化经营的目标。有些效益很直观，我们平常也比较容易看到，例如：①降低库存，包括原材料、成品库存等；②压缩生产周期，提高生产效率；③缩短采购周期，减少采购费用；④提高产品质量和合格率；⑤实时掌握分销和销售数据，随时应对市场变化；⑥财务一体化管理，提高财务管理效率。

其次，ERP 对整个企业的经营活动变革起到重要的管理作用。ERP 管理理念不仅能提高企业的盈利水平，还能提升企业的综合竞争力，给企业带来经济和管理的双重效益。ERP 系统也给企业带来了另外一种隐性效益，它不像直接效益明显、定量，但会给企业带来间接的、潜移默化的影响。例如：①促进企业业务流程变革或重组；②促进企业管理思想和方法的变革；③促进企业商业运营模式的变革；④促进决策的更科学化、透明化；⑤促进企业人力资源分工更合理；⑥改善企业的财务状况。

再次，ERP 对供应链管理依然起着重要作用。ERP 核心思想是实现企业对整个供应链资源的有效管理。经过长期的发展和实践，业界普遍认可的 ERP 思想有：①对整个供应链资源管理的思想；②精益生产、同步工程和敏捷制造的思想；③事先计划与事中控制的思想。

ERP 系统实现了对整个企业供应链的管理和经营，适应并满足现代企业在市场竞争中的需要。

ERP 系统同时吸取了现代管理思想的精髓，并利用不断发展的 IT 技术、系统工程的方法形成了一套完善的管理工程体系。在制造行业，ERP 融合了比较流行的“敏捷制造”和“精益生产”两大流派思想而形成一套混合型管理系统。“敏捷制造”的核心思想是以“人、组织和技术”为支柱，依靠现代 IT 技术为手段快速适应市场快速变化，促进企业适应新兴的变革。“精益生产”的核心思想是通过系统把企业经营需要的各种关系组成一个大的企业供应链，把客户、渠道经销商、供应商、协作单位等纳入生产体系。企业和渠道经销商、客户和供应商的关系已不再是简单的业务往来关系，而是利益共享的合作关系。

最后，ERP 实施对于现代企业管理也起着重要作用。ERP 实施是通过技术手段将企业管理过程在一套软件系统中实现结合。这个过程是企业能否利用好 ERP 系统的核心环节之一。

ERP 实施实际上是一项系统管理工程，其本身蕴涵着管理思想。实施过程中牵扯企业运营的各个部门，如财务管理、生产管理、销售和分销管理、人力资源管理、决策分析管理等，还需要各种不同角色的人员配合，上至企业高层、中层管理人员，下至车间的管理组长、普通的财务人员等。另外，ERP 实施过程有时也是一次企业流程改进、优化和重组的过程，这一过程包含管理模式的规范、改变以及管理部门的裁剪等。

企业在大量的 ERP 实施过程中形成了 ERP 实施方法论。这些实施方法论是 ERP 实施项目经验和实施管理思想的结晶，可以使企业少走弯路、提高效率，供预防风险借鉴以及对应问题的对策提出。

这一思想体现了实事求是、循序渐进的管理思想，是工匠精神的体现，也是对互联网思维的深入补充，指导企业实现工业 4.0 的理论实施。

A.4　云 ERP 赋予了更广、更多的作用

传统的 ERP 核心思想在继续深化应用的同时，结合新兴技术，赋予 ERP 更大的范围和更多的生产和管理作用，促使企业

管理效率、生产效率以及竞争力等关键指标提高。例如：① ERP 系统的移动化及与社交平台结合；②大数据技术对 ERP 订单的预测分析；③机器学习、人工智能与 ERP 的结合；④区块链技术对 ERP 的场景追溯；⑤物联网技术与 ERP 的结合；⑥中国制造 2025、工业 4.0 和 ERP 的结合；⑦ RPA 智能机器人和 ERP 的结合。

在数字化转型不断推进的大背景下，信息技术飞速发展，企业获取信息的能力在与日俱增，云计算、大数据、移动应用、人工智能、区块链、RPA 智能机器人、机器学习等新技术和架构不断创新和完善，ERP 内涵和外延都获得了新的生命力。ERP 正从传统 ERP 时代向更加理性的由互联网推动的云 ERP 时代过渡。

总之，ERP 不仅继续满足着现代企业管理和生产目标，促进企业经营的变革以及适应互联网的发展需求，还借助全新架构，在现代企业管理中发挥更大、更广的作用。

（附录 A 最早发表在上海交通大学出版社出版的《管理学》一书中。）